高等职业教育系列教材

ELECTRONIC AND INFORMATION

EDA技术及应用项目化教程

基于Multisim的电路仿真分析

主编　孙康明

参编　李　川　曹李华　王荣秀

机械工业出版社
CHINA MACHINE PRESS

本书结合行业新技术发展和岗位技能需求，以实用性为出发点，基于Multisim 14.2 EDA工具软件，循序渐进地介绍典型电路的仿真方法、特性与应用。

本书主要内容包括：EDA技术、基于Multisim 14.2软件的电路仿真技术介绍、基本放大单元电路、有源负载放大电路、差分电路、集成运算放大器、有源滤波器、电压比较器、波形信号的产生与变换电路、常见数字电路及数/模混合电路等的特性仿真分析。

本书以"项目引领、任务驱动"的形式组织编写，将传统电子技术课程中的内容整合与重构成若干项目，每个项目分成若干既关联又独立的任务，基于Multisim 14.2完成各个任务的仿真分析，强调工程实践与应用能力的培养。

本书可作为高等职业院校电子信息类、电气类、自动化类、仪器仪表类等相关专业EDA技术、电子技术等课程的教材，也可作为相关工程技术人员的参考用书。

本书配有微课视频，扫描二维码即可观看。另外，本书配有电子课件，需要的教师可登录机械工业出版社教育服务网（www.cmpedu.com）免费注册，审核通过后下载，或联系编辑索取（微信：13261377872，电话：010-88379739）。

图书在版编目（CIP）数据

EDA技术及应用项目化教程：基于Multisim的电路仿真分析/孙康明主编. —北京：机械工业出版社，2023.4（2025.1重印）
高等职业教育系列教材
ISBN 978-7-111-72676-0

Ⅰ. ①E… Ⅱ. ①孙… Ⅲ. ①电子电路-电路设计-计算机辅助设计-高等职业教育-教材 Ⅳ. ①TN702.2

中国国家版本馆CIP数据核字（2023）第030656号

机械工业出版社（北京市百万庄大街22号 邮政编码 100037）
策划编辑：和庆娣 责任编辑：和庆娣 韩 静
责任校对：樊钟英 李 杉 责任印制：郜 敏
中煤（北京）印务有限公司印刷

2025年1月第1版第3次印刷
184mm×260mm · 13.25印张 · 328千字
标准书号：ISBN 978-7-111-72676-0
定价：59.00元

电话服务 网络服务
客服电话：010-88361066 机 工 官 网：www.cmpbook.com
　　　　　010-88379833 机 工 官 博：weibo.com/cmp1952
　　　　　010-68326294 金 书 网：www.golden-book.com
封底无防伪标均为盗版 机工教育服务网：www.cmpedu.com

前　言

电子设计自动化（Electronic Design Automation，EDA）是指利用专门的工具软件完成电路的设计、仿真、综合、验证等流程的设计方式。EDA 工具软件被誉为"芯片之母"，是电子设计的基石产业，EDA 工具软件构筑了整个电子产业的根基。

随着 EDA 技术的快速发展和日臻完善，电子信息类高新技术项目的开发与设计越来越依赖于 EDA 技术。EDA 技术的广泛使用，有利于降低设计成本、缩短设计周期，实现设计资源的共享、提升设计质量和效率。

EDA 技术的巨大优势与广泛应用使得越来越多的人希望迅速掌握 EDA 设计方法和应用技巧。本书结合作者多年的教学与科研经验，遵循认知规律，聚焦于 Multisim 14.2 软件在典型电路的功能特性上的仿真应用，在内容组织上有以下几个特点。

1）编者具有丰富的教学与科研一线的实践经验，内容具有实用性和科学性。

2）既注重 EDA 工具的应用，也注重对电路原理与特性的分析，即以 EDA 工具为手段、以提升读者对电路的理解和应用水平为目的。

3）遵循学习者的认知规律，案例翔实且全都以"任务"的形式予以呈现，结构合理、层次分明，文字简洁、图文并茂，有助于提升读者的兴趣和学习效果。

4）为推进党的二十大精神进教材、进课堂、进头脑，本书以"拓展阅读"的形式介绍了我国 EDA 软件的发展、"中国虚拟仪器之父"应怀樵先生等内容，旨在培养学生胸怀祖国、服务人民的爱国精神，引导学生把"科技自立自强"的信念融入人生追求之中，脚踏实地开展原始创新。

本书共有 7 个项目。项目 1~项目 3 介绍 Multisim 14.2 的电路仿真流程、元器件库与虚拟仪器、主要电路仿真方法等；项目 4 与项目 5 对典型模拟电路（如有源负载放大电路、差分电路、集成运算放大器、有源滤波器、电压比较器等）的特性进行仿真分析；项目 6 与项目 7 对波形信号产生与变换电路、数字电路及数/模混合电路等的特性进行仿真分析。

全书由孙康明统稿。项目 1、项目 6 和项目 7 由孙康明编写；项目 2 和项目 3 由李川编写；项目 4 由曹李华编写；项目 5 由王荣秀编写。

本书的编写参考和借鉴了很多专家与学者的文献，在此深表感谢！参考与借鉴的非正式出版资料主要有：重庆大学袁祥辉教授和孟丽娅副教授的授课资料、Multisim 用户手册及其自带的电路案例、EDA 技术相关网站等；参考与借鉴的正式出版资料都列于"参考文献"中。所有参考借鉴的电路都在 Multisim 14.2 中做过严格测试与验证。

本书提供微课视频、电子课件、源电路、习题参考答案、课程标准等配套资源。

为了保持与软件的一致性，本书中有些电路图保留了绘图软件的电路符号，部分电路符号可能与国标不一致，建议读者自行查阅相关标准。

由于编者水平有限，书中难免存在不足和疏漏之处，恳请广大读者和同行专家批评指正！

编　者

二维码资源清单

（续）

目　　录

项目 1　交流小信号处理电路的仿真

项目描述

电子设计自动化（Electronic Design Automation，EDA）是指利用 EDA 软件，完成电子产品的自动化设计。Multisim 系列是一种专门用于电路仿真和设计的软件，为当下最为流行的 EDA 软件之一，尤其在职业教育界，Multisim 系列居于支配地位。

本项目主要内容有三部分：一是初识 EDA 技术；二是介绍 Multisim 14.2 软件和基于该软件的电路仿真流程；三是以软件自带的交流小信号处理电路的仿真分析为例，引导读者使用 Multisim 14.2 软件实现电路设计与仿真验证。

任务 1.1　初识 EDA 技术

电路设计，就是利用特定技术手段和工具，用导线把相应的电子元器件连接成特定拓扑结构的电子电路，以实现特定的功能和特性指标。电路设计一般要经历方案提出、电路设计、功能验证和调整修改等几个阶段。随着 EDA 技术的日渐成熟，除设计方案的提出外，其余阶段都可以利用 EDA 软件来完成。采用 EDA 技术既能缩短设计周期、节约设计成本，又能提高设计质量、实现设计共享。

1.1.1　EDA 技术简介

在 20 世纪六七十年代，当时的电路设计大多都是用手工来完成。因为元器件数量少，连线也比较简单，所以并不容易出现错误。但是当线路的数量达到上百或者上千以后，电路图就变得复杂起来。这时的人工效率将变得很低，且错误率也会极大增加。错误率的增加导致时间成本、资金成本、人力成本等急剧增加，因而高效、低成本的 EDA 技术便登上了历史的舞台。

EDA 技术是指利用 EDA 软件进行电子产品的自动化设计，主要是指电子电路设计与仿真、现场可编程门阵列（Field Programmable Logic Gate Array，FPGA）开发、印制电路板（Printed Circuit Board，PCB）设计和集成电路（Integrated Circuit，IC）设计，是电子设计与制造技术发展的核心。EDA 软件以计算机为工作平台，融合了应用电子技术、计算机技术、信息处理及智能化技术的最新成果。利用 EDA 工具，电子工程师可以从概念、算法、协议等开始进行电子产品的自动设计。

EDA 技术的出现更好地保证了电子工程师对系统级、电路级和物理级等各级别电路的设计、仿真、调试和排错，为其带来强有力的技术支持，并且在电子、通信、化工、航空航天、生物、军事等各个领域占有越来越重要的地位，极大程度地提升了相关从业者的工作效率和设计成功率。

1. EDA 技术的发展历程

EDA 技术在近二三十年里获得了飞速发展，应用领域也变得越来越广泛，其发展过程就是现代电子设计技术的重要历史进程，主要包括早期阶段、发展阶段和成熟阶段等。

1）早期阶段，即 CAD 阶段。 20 世纪 70 年代，已有中小规模的集成电路，当时人们采用传统的方式进行制图，设计印制电路板和集成电路，不仅效率低、花费大，而且制作周期长。人们为了改善这一情况，开始运用计算机对电路板进行 PCB 设计，用 CAD 这一崭新的图形编辑工具代替电子产品设计中布图布线这类重复性较强的劳动，其功能包括设计规则检查、交互图形编辑、PCB 布局布线、门级电路模拟和测试等。

2）发展阶段，即 CAE 阶段。 20 世纪 80 年代，EDA 技术已经到了一定的发展和完善阶段。由于集成电路规模逐渐扩大，电子系统变得越发复杂，为了满足市场需求，人们开始对相关软件进行进一步的开发，在把不同 CAD 工具合成到一种系统的基础上，完善了电路功能设计和结构设计。EDA 技术在此时期逐渐发展成半导体芯片的设计，已经能生产出可编程半导体芯片。

3）成熟阶段。 20 世纪 90 年代以后，微电子技术获得了突飞猛进的发展，集成几千万乃至上亿的晶体管只需一个芯片。这给 EDA 技术带来了极大的挑战，促使各大公司对 EDA 软件系统进行更大规模的研发，以高级语言描述、系统级仿真和综合技术为特点的 EDA 就此出现，使得 EDA 技术获得了极大的突破。

2. EDA 技术的特点

EDA 技术的发展使得硬件设计进入了一个新的阶段，它不仅能极大提高设计效率，而且节省设计成本，减少设计周期，因此 EDA 技术已经成为当今电子设计的主要工具。利用 EDA 技术进行电子系统设计有以下几个特点：

1）采用自上而下的设计方法。 其基本思想是从系统总体要求出发，分模块化整为零设计，各环节设计逐渐求精的过程。从系统的分解、模型的建立、门级模型的产生到最终的底层电路，将设计内容逐步细化，最后完成整体设计，这是一种全新的设计思想与设计理念。

2）提升设计的保密性和灵活性。 系统中采用大量可编程元件，使系统具有保密性，在通信设备、计算机系统中，这已经成为衡量系统先进性的一个标准。可根据现场需要灵活配置系统中可编程元件的逻辑，极大地拓展了同一硬件系统的适用范围。

3）降低成本、缩短设计周期。 设计过程除"方案提出"外的每个阶段都可以利用设计软件中的工具进行仿真，EDA 中强大的逻辑仿真测试技术能够及时发现设计中的错误，大大降低成本，缩短设计周期。对于集成电路的布局布线、PCB 的布局布线等烦琐的设计工作，电子工程师只需指定规则和约束，让 EDA 软件自动完成。

4）共享设计资源、提升设计质量。 当今复杂电子系统设计，都采用 "EDA 软件+IP 核" 的方式完成。商业知识产权核（Intellectual Property Core，IP Core）都经过严苛的测试与验证，能帮助设计者第一时间获得成功、加速产品的上市进程。传统搭实验板的电路验证方式，很难进行多种方案的比较，更难以进行灵敏度分析、蒙特卡洛分析、最坏情况分析等，而采用 EDA 技术则很容易实现上述各种分析。

5）采用 HDL 设计电路、降低设计难度。 采用硬件描述语言（Hardware Description Language，HDL）甚至高级语言（如 C、C++语言等）设计逻辑单元，与器件物理层无关，从而降低了对设计者硬件电路方面的知识要求和经验要求。用软件的方式设计硬件，易于在各种集成电路工艺和可编程元件之间移植，适合多个设计者分工合作，协同设计。

提示：

IP 核（Intellectual Property Core）就是知识产权核或知识产权模块的意思，在 EDA 技术开发中具有十分重要的地位。美国著名的咨询公司 Dataquest 将半导体产业的 IP 定义为"用于 ASIC 或 FPGA 中的预先设计好的电路功能模块"。IP 主要分为软 IP、固 IP 和硬 IP。软 IP 是用 Verilog、VHDL 等硬件描述语言描述的功能块，但是并不涉及用什么具体电路元件实现这些功能。固 IP 是完成了综合的功能块。硬 IP 提供设计的最终阶段产品——掩膜。

3. EDA 软件的分类

依赖于 EDA 软件才能实现电子设计自动化。EDA 是广义 CAD 的一种，是细分的行业软件。EDA 软件设计凝聚大量数学、图论、物理、材料、工艺等学科知识，实现电子产品的自动设计。利用 EDA 工具，电子设计师可以从概念、算法、协议等开始设计电子系统，完成电子产品从电路设计、性能分析到设计出 IC 版图或 PCB 图的整个过程。经过几十年的发展，EDA 工具已非常丰富，按照功能和使用场合，可以分为电路设计与仿真工具、可编程逻辑器件设计工具、PCB 设计工具、IC（集成电路）设计工具等。

1）电路设计与仿真工具。电路设计与仿真工具主要有 Multisim、SPICE/PSPICE、EWB、MATLAB、SystemView 等。

SPICE（Simulation Program with Integrated Circuit Emphasis）是由美国加州大学推出的电路分析仿真软件，是 20 世纪 80 年代世界上应用最广的电路设计软件，1998 年被定为美国国家标准。1984 年，美国 MicroSim 公司推出了基于 SPICE 的微机版 PSPICE（Personal—SPICE）。现在用得较多的是 PSPICE 6.2，可以说在同类产品中，它是功能强大的模拟和数字电路混合仿真 EDA 软件，在行业内普遍使用。

Multisim 是美国 NI（National Instrument）公司开发的软件，Multisim 采用基于 PSPICE 的器件模型进行电路性能和功能仿真。它可以进行各种各样的电路仿真、激励建立、温度与噪声分析、模拟控制、波形输出、数据输出，并在同一窗口内同时显示模拟与数字的仿真结果。无论对哪种器件哪些电路进行仿真，都可以得到精确的仿真结果，并可以自行建立元器件及元器件库。本书将重点介绍基于 Multisim 14.2 软件的电路设计与仿真分析技术。

2）可编程逻辑器件设计工具。可编程逻辑器件（Programmable Logic Device，PLD）是一种由用户根据需要而自行构造逻辑功能的数字集成电路。目前主要有两大类型：CPLD（Complex PLD）和 FPGA（Field Programmable Gate Array）。它们的基本设计方法是借助于 EDA 软件，用原理图、状态机、布尔表达式、硬件描述语言（Hardware Description Language，HDL）等方法，生成相应的目标文件，最后用编程器或下载电缆，由目标器件实现所设计的数字系统。最有代表性的 PLD 厂家为 ALTERA 和 Xilinx 公司。

3）PCB 设计工具。PCB 设计软件种类很多，如 Altium Designer、OrCAD、PowerPCB、Cadence allegro 等。Altium Designer 致力于创建一个真正统一的设计环境，使用户能够轻松连接到印制电路板设计过程的各个方面。Altium Designer 现已成为市场上应用最广泛的印制电路板设计解决方案。

4）IC（集成电路）设计工具。比较知名的 IC 设计工具公司有 Cadence、Mentor Graphics 和 Synopsys。三家公司业务侧重点和优势各不相同，但都具备 IC 设计工具的六大功能模块：设计输入工具、设计仿真工具、综合工具、布局布线工具、物理验证工具和模拟电路仿真器等。

4. 我国 EDA 技术的发展现状

总体来讲就是，我国 EDA 软件市场与发达国家的发展水平有一定差距。

目前，世界上著名的三大 EDA 软件公司，分别是美国的 Synopsys、美国的 Cadence 和德国西门子旗下的 Mentor Graphics。这三大公司的 EDA 软件覆盖了 IC 设计、电路设计、PLD 设计、PCB 设计等全业务范围。这三家公司占据了全球 EDA 软件市场规模 70% 的份额。我国的 EDA 企业诞生的大多较晚，发展较为缓慢，因而想要在短时间内赶超世界先进的 EDA 技术任重道远。

1978 年 10 月"数字系统设计自动化"学术会议于桂林阳朔举行，被誉为我国"EDA 事业的开端"，标志着我国 EDA 事业在学术领域的萌芽。

1986 年前后国家计委设立了"ICCAD Ⅲ级系统开发"专项，正式启动国产 EDA 工具"熊猫系统"的研发工作，1993 年，"熊猫 ICCAD 系统"全面问世，填补了我国在 EDA 领域的空白。

北京集成电路设计中心（CIDC）成立于 1986 年，也是国内第一家集成电路设计中心，后改名为中国华大集成电路设计中心。

我国 EDA 行业发展历程如图 1-1 所示。

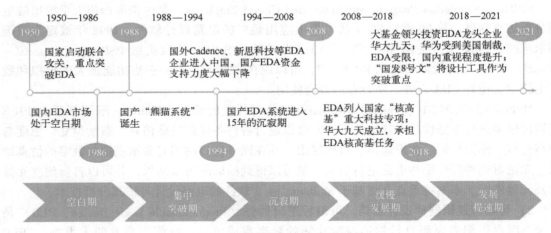

图 1-1 我国 EDA 行业发展历程

拓展阅读

EDA 软件具有技术门槛高、成本弹性较大、产业高度集中等特点，所以，导致我国在 EDA 软件方面的发展相对较慢，无法形成完整的 EDA 产业链。同时，在过去的很多年中，我国 EDA 行业相关人才紧缺也是需要解决的问题。

EDA 软件属于"卡脖子"的技术，这从近几年的"中兴事件""华为事件"等可窥见一斑。广大学子既要具备用好先进主流 EDA 工具的能力，更要有致力于开发国产 EDA 软件的决心和信心。要努力学习专业知识，不断提升自己的专业水平，为国家的科技发展贡献力量。

2000 年，国务院印发《鼓励软件产业和集成电路产业发展的若干政策》（国发〔2000〕18 号），正式吹响了中国软件产业和集成电路产业发展的号角，此后中国软件产业和集成电路产业迎来高速发展的黄金时期。特别是中国软件业销售额从 2000 年的 500 亿元跃升到 2015 年的 5 万亿元左右，15 年里增长了约 100 倍。

2011 年，国务院印发《进一步鼓励软件产业和集成电路产业发展的若干政策》，针对我国软件产业和集成电路产业的短板和薄弱环节继续加大政策支持力度。

2020 年 8 月 4 日，国务院正式发布《新时期促进集成电路产业和软件产业高质量发展若干政策》，对新时期加快集成电路产业和软件产业高质量发展提出了一批重大支持政策。在当前复杂严峻的国际形势和国内经济环境背景下，国务院又一次针对软件产业和集成电路产业发布支持政策，体现出中央对产业发展形势的最新判断。

在产业政策的积极引导和市场需求的强劲驱动下，国产 EDA 软件正奋起直追，国产 EDA 软件的市场份额逐年攀升。近年来我国本土 EDA 企业不断打磨产品以及开拓海外市场，国产 EDA 工具销售额在 2018—2020 年呈现逐年增长的态势，年复合增长率高达 13.86%。我国本土 EDA 企业中，华大九天、芯愿景、广立微电子、芯禾科技等是其中的佼佼者，主要聚焦于集成电路设计 EDA 软件的研发。我国主要 EDA 公司及其主要产品概览见表 1-1。

表 1-1　我国主要 EDA 公司及其主要产品概览

公司名称	主要产品	布局领域
华大九天	Standard Cell/IP 设计-Aether；Standard Cell/IP 仿真-ALPS-AS/iWave；Standard Cell/IP 验证-Argus/FlashLVL/PVE、IP Merge-Skipper	IC 设计、IP 产品、平板显示电路设计
芯愿景	显微图像采集和处理系统 Filmshop、集成电路分析再设计系统 ChipLogicFamily、集成电路分析验证系统 HieruxSystem、集成电路设计优化系统 BoolSmartSystem	集成电路分析、集成电路设计及 EDA 软件授权
广立微电子	SmtCell：参数化单元创建工具；TC Magic：测试芯片设计平台；AT Compiler：可寻址测试芯片设计平台；Data Exp：WAT 和测试芯片数据的分析工具	包含高效测试芯片自动设计、高速电学测试和智能数据分析的全流程平台
芯禾科技	高速仿真解决方案 SnpExpert、Xpeedic 标准 IPD 元器件库、IRIS 芯片仿真解决方案、METIS 三维封装和芯片联合仿真软件	设计仿真工具，集成无源器件

1.1.2　EDA 技术在教学中的应用

在我国高校中，几乎所有电子信息类专业都开设了 EDA 技术及相关课程。主要是让学生了解 EDA 的基本概念和基本原理、掌握 HDL 语言编写规范、掌握逻辑综合的理论和算法，使其能使用 EDA 工具进行电子电路的仿真分析、测试验证并完成电路系统的设计。电子信息类专业的学生一般要求学习并掌握电路设计与仿真工具（如 Multisim、PSPICE 等）、FPGA 开发工具（如 Verilog HDL 语言、Altera/Xilinx 的器件结构及开发系统等）及 PCB 设计工具的使用方法，为今后工作、科研和学习打下基础。

EDA 技术应用于教学有明显优势。学生一旦掌握了 EDA 软件的基本操作，便可在教师的指导下在计算机上自学，对有关电路进行分析和计算，做开放型实验和设计型实验，完成课外作业，加深对课堂内容的分析和理解。教师可用 EDA 软件进行科研设计，研究电路中的疑难问题，取代部分硬件电路实验，可取得事半功倍的效果。教师教得轻松，学生学得主动，达到节约时间和成本、提升学习质量的双重效果。

Multisim 软件被誉为"计算机里的实验室"，具有界面交互友好、画面形象直观、易学、易用、快捷、方便、真实、准确的特点，可实现大部分硬件电路实验和分析的功能。Multisim 软件是美国国家仪器有限公司（National Instruments Co.，NI）推出的虚拟电子电路实验平台，它几乎可以完成所有的电子电路实验。本书将详细介绍 Multisim 14.2 的使用方法，基于 Multisim 14.2 软件的模拟电路、数字电路、数/模混合电路等的仿真分析方法。

任务 1.2 初识 Multisim 14.2

Multisim 系列是一种专门用于电路仿真和设计的软件，是 NI 公司下属的 Electronics Workbench Group 推出的以 Windows 为基础的仿真工具，当前的最新版本为 Multisim 14.2。

该软件基于 PC 平台，采用图形操作界面虚拟仿真了一个与实际情况非常相似的电子电路实验工作台。借助于 55000 个经过制造商验证的库元件，几乎可以完成真实实验室里所有的电子电路实验，已被广泛地应用于电子电路分析、设计、仿真等各项工作中。

1.2.1 Multisim 14.2 的功能和特点

Multisim 是行业标准的 SPICE 仿真和电路设计软件，适用于模拟、数字和电力电子领域的教学和研究。Multisim 14.2 软件将 SPICE 仿真和电路设计结合到一个优化的环境中，以简化常见的设计任务，从而帮助提高性能、减少错误并缩短原型设计时间，可以高效地完成电路设计、仿真与优化。按其官网的介绍，其教学版的功能和特点有：

- Multisim 中的虚拟仪器和高级分析函数可帮助学生全面了解电路行为，从而强化对教科书中理论知识的理解。
- 可用作学习工具，通过直观的设计、交互式仿真和无缝硬件集成将抽象理论和实际信号联系起来。
- 提供了基于动手实践的学习方法，可让学生轻松地将理论和实际联系起来，提供了一个最有效的方法来强化学习效率。
- 提供了丰富的数字组件和无缝硬件集成，可让用户轻松地将数字逻辑部署到任何 Digilent FPGA 设备中。

1.2.2　Multisim 14.2 用户界面

启动 Multisim 14.2 软件后，弹出如图 1-2 所示的用户基本界面，可以看出，它是一个典型 Windows 风格的对话框，主要由主菜单栏、标准工具栏、设计工具箱、电路窗口（原理图编辑区）、虚拟仪器工具栏及电子表格栏等几部分构成。

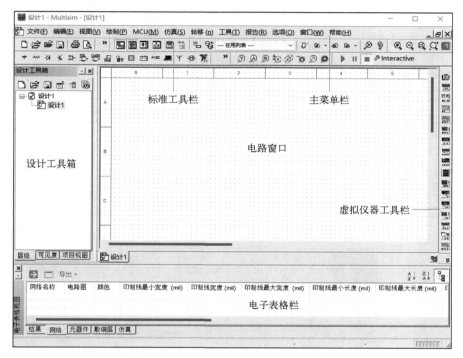

图 1-2　Multisim 14.2 软件的基本界面

- 主菜单栏：Multisim 14.2 软件的所有功能命令均集成于此。
- 标准工具栏：常用命令的图标集成。
- 设计工具箱：用于设计项目和设计文档管理。
- 电路窗口：设计与编译电路原理图的区域，又称工作区。
- 虚拟仪器工具栏：Multisim 14.2 软件提供多达 20 余种的仪器仪表。
- 电子表格栏：提供"结果、网络、元器件、敷铜层、仿真"5 个选项卡，方便快速显示选中元器件的相关参数。

图 1-3 更详细地指示了 Multisim 14.2 软件用户界面所包含的组件，各组件的名称及功能描述见表 1-2。

表 1-2　Multisim 14.2 软件用户界面各组件名称及功能描述

代　号	名　称	功能描述
①	主菜单	包含软件所有功能的命令
②	元器件工具栏	包含用于从 Multisim 数据库中选择元器件以放置在原理图中的按钮
③	标准工具栏	包含用于保存、打印、剪切和粘贴等文档管理常用功能的按钮

（续）

代 号	名 称	功 能 描 述
④	主工具栏	包含用于 Multisim 常见功能的按钮
⑤	探针工具栏	包含用于在设计上放置各种类型探针的按钮，可以从此处进入探针设置界面
⑥	正在使用的元器件列表	设计中正使用的所有元器件的列表
⑦	仿真工具栏	包含用于启动、停止和暂停模拟的按钮
⑧	工作区	构建电路设计的工作区
⑨	查看工具栏	包含用于修改屏幕显示方式的按钮
⑩	仪器工具栏	包含 Multisim 14.2 软件所提供的所有虚拟仪器的按钮

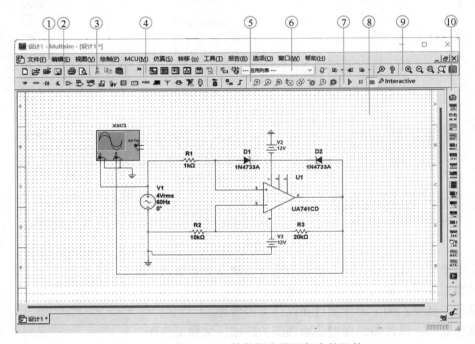

图 1-3　Multisim 14.2 软件用户界面包含的组件

提示：

选择 "选项" → "全局偏好" → "常规"，在弹出的对话框下部的 "语言" 选择框里，可以很方便地实现界面的中英文切换。

1.2.3　基于 Multisim 14.2 的电路仿真流程

基于 Multisim 14.2 软件的电路仿真分析的基本流程，可用图 1-4 表示，主要包括原理图生成、电路特性分析参数设置、电路仿真、仿真结果分析及设计优化等。各步骤的工作内容简介如下。

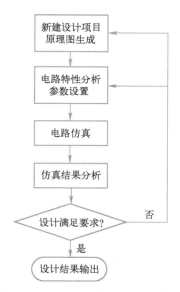

图 1-4　基于 Multisim 14.2 的电路仿真分析基本流程

1. 新建设计项目与原理图生成

启动 Multisim 14.2 软件，单击主菜单的"选项（Option）"设置全局偏好变量：如设计文档保存的位置、中英文界面选择、图纸尺寸和风格设置等。以人机交互方式从软件自带的元器件库中调出相应的元器件，并正确连线生成电路原理图。

2. 电路特性分析与参数设置

生成电路图以后，需根据电路设计任务确定要分析的电路特性类型，并设置与此分析类型相关的参数。

3. 电路仿真

设置好仿真类型和仿真参数后就可以启动仿真了。Multisim 14.2 软件有多种仿真运行的调用方法，以后的各任务中会逐一介绍。

4. 仿真结果的显示和分析

Multisim 14.2 软件仿真结果最直观的显示途径有三个：一是各种虚拟仪器的前端面板，二是图示仪（Grapher），三是电路图中放置的各种指示器和探针等。后面各任务都会结合具体电路的仿真结果展开分析。

5. 设计修正或优化

在电路仿真过程中，若电路设计不合理或仿真参数设置不当，都会导致 Multisim 14.2 软件因错误而不能正常运行或出现运行不收敛，或仿真结果不满足设计目标和要求的情况。这时设计者应分析问题所在，修订电路或仿真参数（有时候二者都需要修订），进行新一轮的设计仿真过程，这也正是 EDA 软件的巨大优势所在。

6. 设计结果输出

经过上述几个阶段，得到满足要求的电路设计后，就可以输出全套电路图，包括各种统计报表（如元器件清单、网络表等）。也可将原理图传送给 Ultiboard 或其他软件如 Altium Designer 等，继续进行印制电路板（Printed Circuit Board，PCB）设计。

任务 1.3 基于 Multisim 14.2 的交流小信号处理电路仿真

本任务以 Multisim 14.2 用户手册自带的一个案例具体说明电路仿真分析的基本流程。引导读者完成从原理图设计到仿真的电路设计全流程，其主要步骤为：原理图设计→仿真类型及激励源设置→仿真运行及结果分析等。

1.3.1 电路原理图绘制

本案例的电路对一个交流小信号进行采样、放大，将交流小信号转换成脉冲信号。然后用一个简单的数字计数器对脉冲信号的周期进行计数，并用七段数码管和发光二极管显示计数过程。

1. 新建设计文件

启动 Multisim 14.2 软件，在"工作区"出现一个名为"设计 1"的空白图纸，选择"文件"→"另存为（a）…"，出现一个标准的 Windows 保存文件对话框。按导航定位到要保存文件的位置，输入"×××"作为文件名，然后单击"保存"按钮。

提示：

文件被自动保存为"Multisim 14 Design File"类型，其扩展名为".ms14"；

为防止意外丢失数据，可在"选项"→"全局选项"对话框的"保存"选项卡中设置文件的定时"自动备份"。

2. 放置元器件

为方便查找元器件，该案例中所用元器件的参数及所在库汇总见表 1-3。

表 1-3 数据采样与显示电路的元器件参数及所在库汇总

元器件标号及标称值	组（Group）	系列（Family）
R2-8Line_Isolated	Basic	RPACK
R3-1k	Basic	RESISTOR
R4-50k	Basic	POTENTIOMETER
S1, S2-SPDT	Basic	SWITCH
U4-741	Analog	OPAMP
V1-AC_VOLTAGE	Sources	SIGNAL_VOLTAGE_SOURCES
C1-1 μF C2-10 nF C3-100 μF	Basic	CAP_ELECTROLIT
J1-HDR1X4		HEADERS_TEST
LED1-LED_blue	Diodes	LED
VCC GND-DGND GROUND	Sources	POWER_SOURCES
U1 - SEVEN_SEG_DECIMAL_COM_A_BLUE	Indicators	HEX_DISPLAY
U2-74LS190N U3-74LS47N	TTL	74LS
R1-200 Ω	Basic	RESISTOR

选择"绘制（P）"→"元器件（C）"以显示选择元器件对话框。以选择七段数码显示器为例，如图 1-5 所示：在"组"选择框中选择"Indicators"，然后在"系列"选择框中选择"HEX_DISPLAY"；从"元器件"列表中选择"SEVEN_SEG_DECIMAL_COM_A_BLUE"，然后单击图中右上角的"确认"按钮。

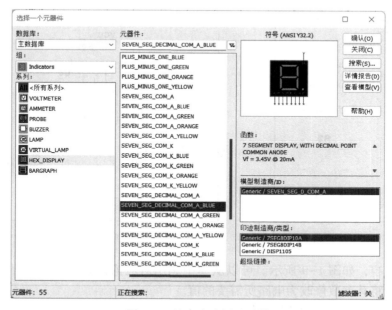

图 1-5　从库中选择显示器

将光标移动到工作区的适当位置，然后单击以放置元器件。请注意，该元器件的参考标志是 U1。

用相同的方法，将剩余的部分元器件放置到工作区的不同位置，完成后如图 1-6 所示。

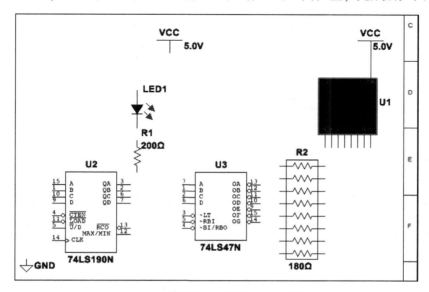

图 1-6　放置部分元器件后的工作区

将 SPDT（单刀双掷开关）放置在计数器左边，如图 1-7 所示。右键单击每个 SPDT 开关并选择水平翻转。

放置运算放大器（简称运放）及相关元器件，如图 1-8 所示，根据需要进行旋转、镜像操作。双击交流电压源（V1）并将其峰值电压（pk）更改为 0.2 V。

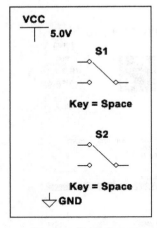

图 1-7　放置 SPDT

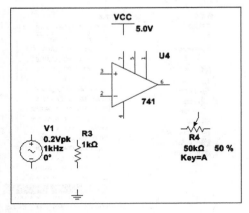

图 1-8　放置运算放大器及其他元器件

放置旁路电容，如图 1-9 所示。可以从库中调用对应值的元器件，也可以调用任意值的元器件，然后将其参数修改为电路所需要的值。

放置插针连接器及相关元器件，如图 1-10 所示。

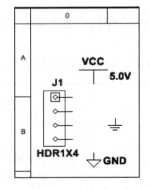

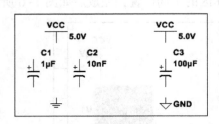

图 1-9　放置旁路电容

图 1-10　放置插针连接器及相关元器件

放置完所有元器件后，工作区如图 1-11 所示。

3. 连线

所有元器件都有引脚，用导线（Wire）可将这些引脚连接到其他元器件的引脚或仪器接线柱上。当光标靠近某个引脚时，光标就会变成一个十字线，表示可以开始接线了。

单击元器件上的引脚以开始连接（光标变成十字准线）并移动鼠标，此时，一根导线会自动附着在光标上。

单击第二个元器件的引脚以完成连线。Multisim 软件会自动配置导线走向，如图 1-12 所示。

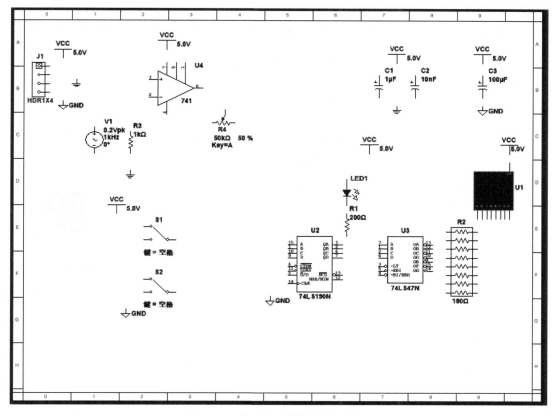

图 1-11　放置完元器件后的工作区

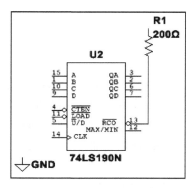

图 1-12　用导线连接元器件引脚

提示：

可以在移动鼠标时单击左键来控制导线的走向，每一次单击都会将导线"固定"到单击时的位置点。

连线过程中会根据需要不时调整元器件的方向和位置，在元器件上单击鼠标右键，会弹出元器件方位调整快捷菜单，方便实现元器件镜像、旋转等操作。

完成所有连线后的电路原理图如图 1-13 所示。

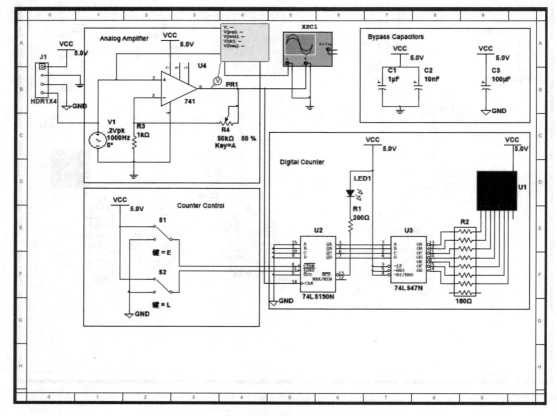

图 1–13　完成布局与连线后的电路原理图

1.3.2　电路性能仿真

本案例电路由运算放大器、计数器控制、数字计数器、电源等模块构成。运算放大器模块将正弦波转换成类似方波的信号，用作数字计数器的时钟信号。74LS190N 是十进制加法计数器，统计时钟信号的周期数并以 8421BCD 码的形式输出。74LS47N 是代码变换器，将输入的 4 位 8421BCD 码变换成七段数码显示器的驱动代码，数码管 U1 则显示出相应的数字。

设置开关 S1 和 S2 的控制键：双击开关，弹出如图 1–14 所示的对话框，在对话框中可以为每个开关设置对应的控制键。即可在"值"选项卡中，在"切换键"右侧的下拉列表框中选择空格或一个字母或一个数字，作为该开关状态切换的快捷键。按下设置的控制键或直接单击开关的"闸刀"，以启动计数器进行计数工作。

1. 电路功能验证

单击仿真工具栏（Simulation Toolbar）上的▶按钮启动电路仿真，可以观察到 U1 按"＋1"的顺序显示 0～9 之间的数字，同时 LED1 以一定频率闪烁。双击示波器，弹出示波器的前端面板，如图 1–15 所示。可以看出，运算放大器输出信号近似方波，其幅值大于 4 V。

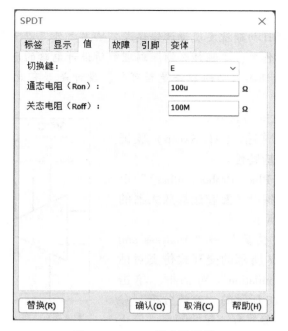

图 1-14　SPDT 的参数设置

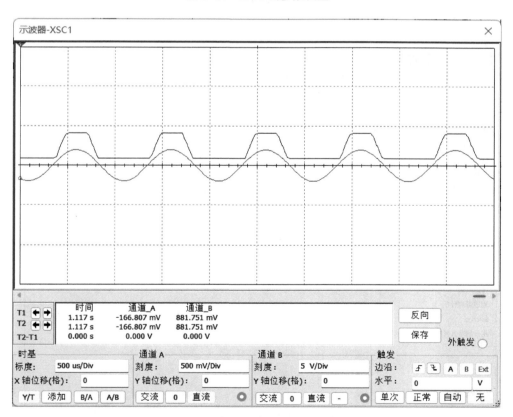

图 1-15　虚拟示波器所显示的波形

提示：

电路仿真是为了在项目初期就发现设计错误或不恰当之处，以节约时间和成本。但仿真并不能取代电子工程师的作用，工程师必须深刻理解所设计电路的原理、结构、功能和特性指标。EDA 软件只用来验证工程师的想法是否可行、设计是否有效，进而提升设计质量和效率。

2. 电路频率响应特性的仿真分析

此处使用交流小信号扫描（AC Sweep）验证运算放大器模块的频率响应特性。

单击"探针工具栏（Place Probe Toolbar）"上的电压探针📷按钮，将此探针放置在运算放大器的输出引脚上，如图 1-16 所示。

选择主菜单栏上的"仿真"→"Analyses and Simulation"，出现图 1-17 所示的交互式仿真对话框——"Analyses and Simulation"对话框。单击"交流分析"，出现图 1-18 所示的"交流分析"参数设置对话框，主要设置参数有：起始频率、停止频率、扫描类型等。单击其上的"输出"选项卡，指定要显示哪些信号的仿真结果。

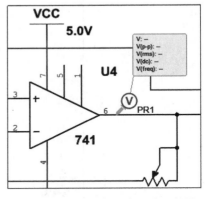

图 1-16　在元器件引脚上放置探针

图 1-17　"Analyses and Simulation"对话框

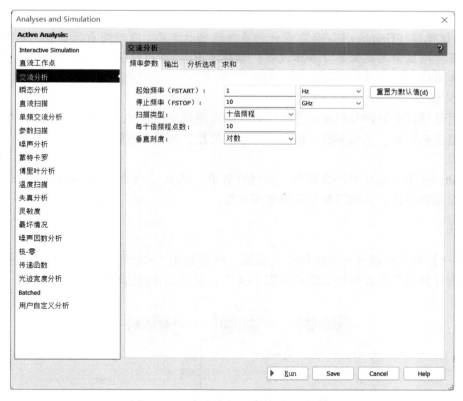

图 1-18　"交流分析"参数设置对话框

单击"Run"按钮，"Analyses and Simulation"对话框将自动关闭，同时"图示仪视图"将自动弹出并展示交流小信号分析的仿真结果，如图 1-19 所示，图中分别展示了集成运放 741 的幅频特性和相频特性。

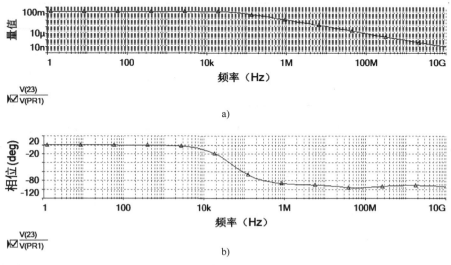

图 1-19　交流小信号分析的仿真结果

a）幅频特性　b）相频特性

提示:

"图示仪视图（Grapher View）"是一种多功能显示工具，可以查看、调整、保存和导出图形。它还可以显示某些仪器（如示波器）的轨迹图。"图示仪视图"的详细使用方法后面章节会具体阐述。

3. 后处理器（Postprocessor）

使用后处理器来处理分析输出并将结果绘制在图形或图表上。可以对分析结果执行的数学运算类型包括算术、三角函数、指数、对数、复数、向量和逻辑等。

4. 报告

在 Multisim 中可以生成许多报告，如材料清单（BOM）、元器件详细信息报告、电路网表报告、原理图统计、备用门和交叉参考报告等。

课后练习

【练1-1】 网孔电流分析方法的仿真验证。电路如图 1-20 所示，试分析各网孔的电流值。将理论计算值和仿真所得数据填入表 1-4 中，并对二者做比较。

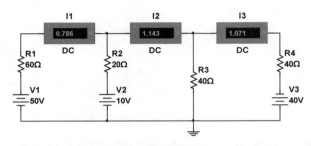

图 1-20 练 1-1 图

表 1-4 练 1-1 所示电路的仿真实验数据

	I1/A	I2/A	I3/A
理论计算值			
仿真所得数据			
结论			

【练1-2】 电路叠加定理的仿真验证。电路如图 1-21 所示，试分析 5 Ω 电阻上的电压值。将理论计算值和仿真所得数据填入表 1-5 中，并对二者做比较。

表 1-5 练 1-2 所示电路的仿真实验数据

	U1/V	U2/V	U3/V
理论计算值			
仿真所得数据			
结论			

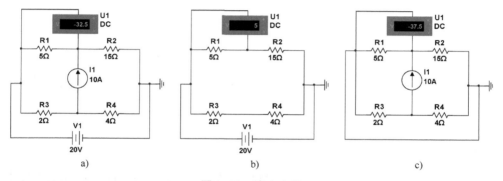

图 1-21 练 1-2 图

a）练 1-2 的电路　b）V1 单独作用时的电路　c）I1 单独作用时的电路

项目 2　Multisim 14.2 元器件库与虚拟仪器的使用

项目描述

电路由元器件和连线构成，元器件是电路的基本元素。Multisim 14.2 的元器件库中集合了各种各样的元器件，能提供近 6 万种元器件供用户使用。库中的每个元器件都包含元器件符号、仿真模型、元器件封装及其他特性。本项目介绍这个庞大的元器件库并学习如何在元器件库中找到搭建电路需要的元器件。同时，在实际实验过程中，经常需要用到各种仪器仪表，而这些仪器仪表大多数价格昂贵，且容易损坏，Multisim 14.2 软件提供了多种虚拟仪器仪表，利用它们可以完成对电路电压值、电流值、电阻值、波形等性能参数的测量。虚拟仪器仪表的外观与现实中的相似，在仿真运行时，虚拟仪器仪表的设置、使用和数据的读取方法大都也与真实仪器一样，本项目也将介绍常用的虚拟仪器仪表的功能和使用方法。

任务 2.1　认识 Multisim 14.2 元器件库

Multisim 14.2 提供了数量众多的元器件，并分门别类地存储在各个元器件库中。选择"工具"→"数据库"→"数据库管理器"命令，可打开图 2-1 所示的"数据库管理器"对话框，Multisim 的元器件分别存储于三个数据库中，它们分别为主数据库、企业数据库和用户数据库，这三种数据库的功能如下。

- 主数据库：存放 Multisim 提供的所有元器件。
- 企业数据库：用于存放便于团队设计的一些特定元器件，该库仅在专业版中存在。
- 用户数据库：存放被用户修改、创建和导入的元器件。

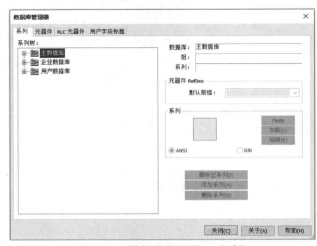

图 2-1　"数据库管理器"对话框

Multisim 的主数据库如图 2-2 所示，该库包含 20 个"组"，每个组又包含若干"系列"。

图 2-2　主数据库

2.1.1　电源组

电源组中包含电路必需的各种形式的电源、信号源以及接地符号，一个待仿真的电路必须含有接地端，否则仿真时会报错，单击 Multisim 14.2 界面"元器件"工具栏中最左边的"放置源"按钮 ⚡，可弹出图 2-3 所示的电源组选择对话框。在"系列"栏下有 8 项分类，见表 2-1。

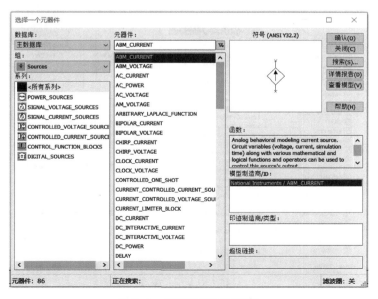

图 2-3　电源组选择对话框

表 2-1　电源组"系列"栏选项说明

序　号	名　　称	说　　明
1	所有系列	选择该项，信号源库中的所有元器件将列于窗口中间的元件栏中
2	POWER_SOURCES	包括常用的交直流电源、数字地、公共地、星形或三角形联结的三相电源等
3	SIGNAL_VOLTAGE_SOURCES	包括各类信号电压源，如交流电压源、AM 电压源、双极性电压源、时钟电压源、指数电压源、FM 电压源、基于 LVM 文件的电压源、分段线性电压源、脉冲电压源、基于 TDM 文件的电压源和热噪声源
4	SIGNAL_CURRENT_SOURCES	包括各类信号电流源，如交流电流源、双极性电流源、时钟电流源、直流电流源、指数电流源、FM 电流源、基于 LVM 文件的电流源、分段线性电流源、脉冲电流源和基于 TDM 文件的电流源
5	CONTROLLED_VOLTAGE_SOURCES	包括各类受控电压源，如 ABM 电压源、电流控制电压源、FSK 电压源、压控分段线性电压源、压控正弦波信号源、压控方波信号源、压控三角波信号源和压控电压源
6	CONTROLLED_CURRENT_SOURCES	包括各类受控电流源，如 ABM 电流源、电流控制电流源和电压控制电流源
7	CONTROL_FUNCTION_BLOCKS	包括各类控制函数块，如限流模块、除法器、增益模块、乘法器、电压加法器、多项式复合电压源等
8	DIGITAL_SOURCES	包括数字信号源

2.1.2　基本元器件组

　　基本元器件组包含实际元器件系列 19 个、虚拟元器件系列 2 个，单击元器件工具栏中的"放置基本"按钮 ，可弹出图 2-4 所示的基本元器件组选择对话框。

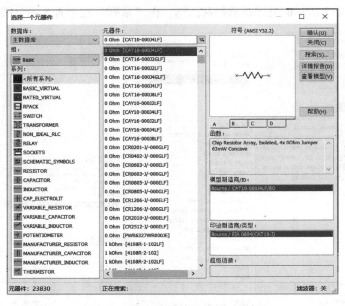

图 2-4　基本元器件组选择对话框

在"系列"栏下有22项分类，见表2-2。

表 2-2 基本元器件组"系列"栏选项说明

序 号	名 称	说 明
1	所有系列	选择该项，基本元器件库中的所有元器件将列于窗口中间的元器件栏中
2	BASIC_VIRTUAL	包括一些基本的虚拟元器件，如虚拟电阻、电容、电感、变压器、压控电阻等，因为是虚拟元器件，所以元器件无封装信息
3	RATED_VIRTUAL	包括额定虚拟元器件，如额定555定时器、晶体管、电容、二极管、熔丝等
4	RPACK	包括多种封装的电阻排
5	SWITCH	包括各类开关，如电流控制开关、单刀双掷开关、单刀单掷开关、按键开关、时间延时开关等
6	TRANSFORMER	包括各类线性变压器，使用时要求变压器的一次、二次侧分别接地
7	NON_IDEAL_RLC	包括非理想电容、电感、电阻
8	RELAY	包括各类继电器，继电器的触点开关是由加在线圈两端的电压大小决定的
9	SOCKETS	与连接器类似，为一些标准形状的插件提供位置，以方便PCB设计
10	SCHEMATIC_SYMBOLS	包括熔丝、LED、光电晶体管、按键开关、可变电阻、可变电容等元器件
11	RESISTOR	包括具有不同标称值的电阻，其中在"元器件类型"下拉菜单下可选电阻类型，如碳膜电阻、陶瓷电阻等；在"容差（%）"下拉菜单下可选择电阻的容差；在"印迹制造商/类型"栏中选择元器件的封装，若选择无封装，则所选电阻放置于工作空间后为黑色，代表为虚拟电阻，若选择一种封装形式，则电阻变为蓝色，代表实际元器件
12	CAPACITOR	包括具有不同标称值的电容，也可选择电容类型（如陶瓷电容、电解电容、钽电容等）、容差和封装形式
13	INDUCTOR	包括具有不同标称值的电感，可选择电感类型（如环氧线圈电感、铁心电感、高电流电感等）、容差和封装形式
14	CAP_ELECTROLIT	极性电容
15	VARIABLE_RESISTOR	可变电阻
16	VARIABLE_CAPACITOR	包括具有不同标称值的可变电容，可选择可变电容类型（如薄膜可变电容、电介质可变电容等）和封装形式
17	VARIABLE_INDUCTOR	包括具有不同标称值的可变电感，可选择可变电感类型（如铁氧体心电感、线圈电感）和封装形式
18	POTENTIOMETER	包括具有不同标称值的电位器，可选择电位器类型（如音频电位器、陶瓷电位器、金属陶瓷电位器等）和封装形式
19	MANUFACTURER_RESISTOR	包括生产厂家提供的不同大小的电阻
20	MANUFACTURER_CAPACITOR	包括生产厂家提供的不同大小的电容
21	MANUFACTURER_INDUCTOR	包括生产厂家提供的不同大小的电感
22	THERMISTOR	包括具有不同标称值的热敏电阻

2.1.3 二极管元器件组

二极管元器件组中包含 14 个元器件系列和 1 个虚拟元器件系列，单击元器件工具栏中的 "放置二极管" 按钮 ，可弹出图 2-5 所示的二极管元器件组选择对话框。

图 2-5   二极管元器件组选择对话框

在 "系列" 栏下有 16 项分类，见表 2-3。

表 2-3   二极管元器件组 "系列" 栏选项说明

序 号	名 称	说 明
1	所有系列	选择该项，二极管元器件库中的所有元器件将列于窗口中间的元器件栏中
2	DIODES_VIRTUAL	包括虚拟的普通二极管和虚拟的齐纳二极管，其 SPICE 模型都为典型值
3	DIODE	包括不同型号的普通二极管
4	ZENER	包括不同型号的齐纳二极管
5	SWITCHING_DIODE	包括不同型号的开关二极管
6	LED	包括各种类型的发光二极管
7	PHOTODIODE	包括不同型号的光电二极管
8	PROTECTION_DIODE	包括不同型号的带保护二极管
9	FWB	包括各种型号的全波桥式整流器（整流桥堆）
10	SCHOTTKY_DIODE	包括各类肖特基二极管
11	SCR	包括各类型号的晶闸管整流器
12	DIAC	包括 11 种类型的双向二极管（相当于两只肖特基二极管反向并联）和 4 种特殊双向触发二极管
13	TRIAC	包括各类型号的晶闸管开关，相当于两个单向晶闸管的并联
14	VARACTOR	包括各类型号的变容二极管
15	TSPD	包括各种规格的晶闸管浪涌保护器件
16	PIN_DIODE	包括各类型号的 PIN 二极管

2.1.4　晶体管元器件组

晶体管元器件组共有 21 个元器件系列，其中，20 个实际元器件箱中的元器件模型对应世界主要厂家生产的众多晶体管元器件，精度较高；另外 1 个虚拟晶体管系列相当于理想晶体管，单击元器件工具栏中的"放置晶体管"按钮 ，可弹出图 2-6 所示的晶体管元器件组选择对话框。

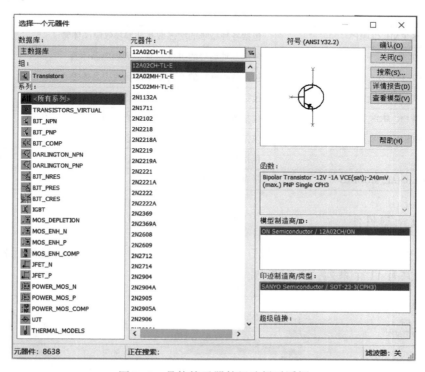

图 2-6　晶体管元器件组选择对话框

在"系列"栏下有 22 项分类，见表 2-4。

表 2-4　晶体管元器件组"系列"栏选项说明

序　号	名　　称	说　　明
1	所有系列	选择该项，晶体管元器件库中的所有元器件将列于窗口中间的元器件栏中
2	TRANSISTORS_VIRTUAL	包括各类虚拟晶体管
3	BJT_NPN	包括各种型号的双极型 NPN 晶体管
4	BJT_PNP	包括各种型号的双极型 PNP 晶体管
5	BJT_COMP	包括各种型号的双重双极型晶体管
6	DARLINGTON_NPN	包括各种型号的达林顿型 NPN 晶体管
7	DARLINGTON_PNP	包括各种型号的达林顿型 PNP 晶体管
8	BJT_NRES	包括各种型号的内部集成偏置电阻的双极型 NPN 晶体管
9	BJT_PRES	包括各种型号的内部集成偏置电阻的双极型 PNP 晶体管

（续）

序 号	名 称	说 明
10	BJT_CRES	包括各种型号的双数字晶体管
11	IGBT	包括各种型号的 IGBT 器件，是一种 MOS 门控制的功率开关
12	MOS_DEPLETION	包括各种型号的耗尽型 MOS 晶体管
13	MOS_ENH_N	包括各种型号的 N 通道增强型场效应晶体管
14	MOS_ENH_P	包括各种型号的 P 通道增强型场效应晶体管
15	MOS_ENH_COMP	包括各种型号的增强型互补型场效应晶体管
16	JFET_N	包括各种型号的 N 沟道结型场效应晶体管
17	JFET_P	包括各种型号的 P 沟道结型场效应晶体管
18	POWER_MOS_N	包括各种型号的 N 沟道功率绝缘栅型场效应晶体管
19	POWER_MOS_P	包括各种型号的 P 沟道功率绝缘栅型场效应晶体管
20	POWER_MOS_COMP	包括各种型号的复合型功率绝缘栅型场效应晶体管
21	UJT	包括各种型号的可编程单结型晶体管
22	THERMAL_MODELS	带有热模型的 NMOSFET

2.1.5 模拟元器件组

单击元器件工具栏中的"放置模拟"按钮 ⇨，可弹出图 2-7 所示的模拟元器件组选择对话框。本组共有 11 个系列，见表 2-5。

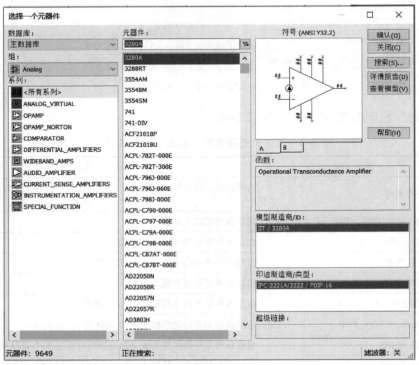

图 2-7 模拟元器件组选择对话框

表 2-5　模拟元器件组 "系列" 栏选项说明

序　号	名　　称	说　　明
1	所有系列	选择该项，模拟元器件库中的所有元器件将列于窗口中间的元器件栏中
2	ANALOG_VIRTUAL	包括各类模拟虚拟元器件，如虚拟比较器、基本虚拟运放等
3	OPAMP	包括各种型号的运算放大器
4	OPAMP_NORTON	包括各种型号的诺顿运算放大器
5	COMPARATOR	包括各种型号的比较器
6	DIFFERENTIAL_AMPLIFIERS	包括各种型号的差分放大器
7	WIDEBAND_AMPS	包括各种型号的宽频带运放
8	AUDIO_AMPLIFIER	包括各种型号的音频放大器
9	CURRENT_SENSE_AMPLIFIERS	包括各种型号的电流检测放大器
10	INSTRUMENTATION_AMPLIFIERS	包括各种型号的仪器仪表放大器
11	SPECIAL_FUNCTION	包括各种型号的特殊功能运算放大器，如测试运放、视频运放、乘法器、除法器等

2.1.6　TTL 元器件组

　　TTL 元器件组含有 74 系列的 TTL 数字集成逻辑器件。单击元器件工具栏中的 "放置 TTL" 按钮 ，可弹出图 2-8 所示的 TTL 元器件组选择对话框。在 "系列" 栏下有 10 项分类，见表 2-6。

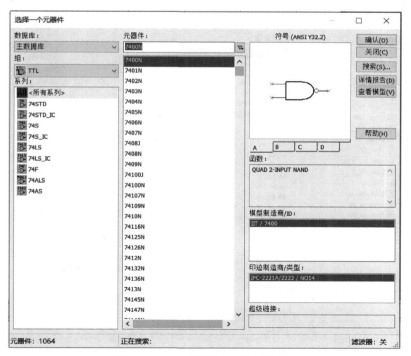

图 2-8　TTL 元器件组选择对话框

表 2-6　TTL 元器件组"系列"栏选项说明

序　号	名　　称	说　　明
1	所有系列	选择该项，TTL 元器件库中的所有元器件将列于窗口中间的元器件栏中
2	74STD	包含各种标准型 74 系列集成电路
3	74STD_IC	包含各种标准型 74 系列集成电路芯片
4	74S	包含各种肖特基型 74 系列集成电路
5	74S_IC	包含各种肖特基型 74 系列集成电路芯片
6	74LS	包含各种低功耗肖特基型 74 系列集成电路
7	74LS_IC	包含各种低功耗肖特基型 74 系列集成电路芯片
8	74F	包含各种高速 74 系列集成电路
9	74ALS	包含各种先进低功耗肖特基型 74 系列集成电路
10	74AS	包含各种先进的肖特基型 74 系列集成电路

2.1.7　CMOS 元器件组

CMOS 元器件组含有各类 CMOS 数字集成逻辑器件。单击元器件工具栏中的"放置 CMOS"按钮，可弹出图 2-9 所示的 CMOS 元器件组选择对话框。在"系列"栏下有 15 项分类，见表 2-7。

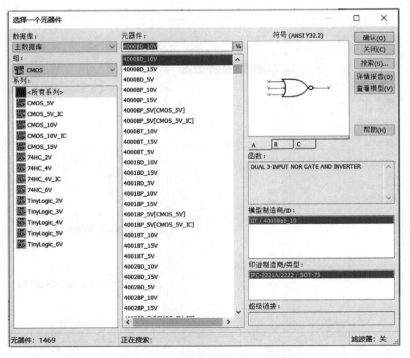

图 2-9　CMOS 元器件组选择对话框

表 2-7　CMOS 元器件组 "系列" 栏选项说明

序　号	名　　称	说　　明
1	所有系列	选择该项，CMOS 元器件库中的所有元器件将列于窗口中间的元器件栏中
2	CMOS_5V	5V 4XXX 系列 CMOS 集成电路
3	CMOS_5V_IC	5V 4XXX 系列 CMOS 集成电路芯片
4	CMOS_10V	10V 4XXX 系列 CMOS 集成电路
5	CMOS_10V_IC	10V 4XXX 系列 CMOS 集成电路芯片
6	CMOS_15V	15V 4XXX 系列 CMOS 集成电路
7	74HC_2V	2V 74HC 系列 CMOS 集成电路
8	74HC_4V	4V 74HC 系列 CMOS 集成电路
9	74HC_4V_IC	4V 74HC 系列 CMOS 集成电路芯片
10	74HC_6V	6V 74HC 系列 CMOS 集成电路
11	TinyLogic_2V	包括 2V 快捷微型逻辑电路，如 NC7S 系列、NC7SU 系列、NC7SZ 系列和 NC7SZU 系列
12	TinyLogic_3V	包括 3V 快捷微型逻辑电路，如 NC7S 系列、NC7SU 系列、NC7SZ 系列和 NC7SZU 系列
13	TinyLogic_4V	包括 4V 快捷微型逻辑电路，如 NC7S 系列、NC7SU 系列、NC7SZ 系列和 NC7SZU 系列
14	TinyLogic_5V	包括 5V 快捷微型逻辑电路，如 NC7S 系列、NC7ST 系列、NC7SU 系列、NC7SZ 系列和 NC7SZU 系列
15	TinyLogic_6V	包括 6V 快捷微型逻辑电路，如 NC7S 系列和 NC7SU 系列

2.1.8　杂项数字元器件组

这个库中包含了集成的数字芯片。集成芯片是相对于分离元器件来说的，集成芯片能实现需要大量分离元器件完成的功能，是目前电子技术应用领域的发展主流，单击元器件工具栏中的 "放置杂项数字" 按钮 ，可弹出图 2-10 所示的杂项数字元器件组选择对话框。在 "系列" 栏下有 14 项分类，见表 2-8。

图 2-10　杂项数字元器件组选择对话框

表 2-8　杂项数字元器件组 "系列" 栏选项说明

序　号	名　　称	说　　明
1	所有系列	选择该项，其他数字元器件库中的所有元器件将列于窗口中间的元器件栏中
2	TIL	包括各类数字逻辑器件，如与门、非门、异或门、三态门等，该库中的器件没有封装类型
3	DSP	包括各种型号的数字信号处理器
4	FPGA	包括各种型号的现场可编程逻辑门阵列器件
5	PLD	包括各种型号的可编程逻辑器件
6	CPLD	包括各种型号的复杂可编程逻辑器件
7	MICROCONTROLLERS	包括各种型号的单片机
8	MICROCONTROLLERS-IC	包括各种型号的单片机集成芯片
9	MICROPROCESSORS	包括各种型号的微处理器
10	MEMORY	包括各种型号的 EPROM
11	LINE_DRIVER	包括各种型号的线路驱动器
12	LINE_RECEIVER	包括各种型号的线路接收器
13	LINE_TRANSCEIVER	包括各种型号的线路收发器
14	SWITCH_DEBOUNCE	包括各种型号的防抖动开关

2.1.9　混合元器件组

这个组包含了将数字电路和模拟电路集成在一起的集成芯片，单击元器件工具栏中的 "放置混合" 按钮 ，可弹出图 2-11 所示的混合元器件组选择对话框。在 "系列" 栏下有 8 项分类，见表 2-9。

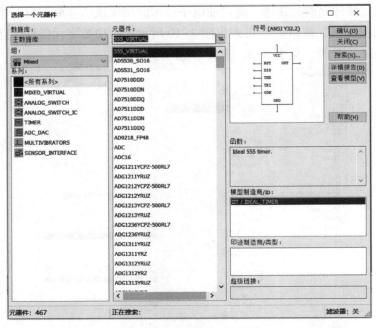

图 2-11　混合元器件组选择对话框

表 2-9 混合元器件组 "系列" 栏选项说明

序 号	名 称	说 明
1	所有系列	选择该项,混合元器件库中的所有元器件将列于窗口中间的元器件栏中
2	MIXED_VIRTUAL	包括各种混合虚拟元器件,如 555 定时器、模拟开关、分频器、单稳态触发器和锁相环
3	ANALOG_SWITCH	包括各类模拟开关
4	ANALOG_SWITCH_IC	包含一个 4 路的三态门开关 MC74HC0660D
5	TIMER	包括不同型号的定时器
6	ADC_DAC	包括各种 A/D 和 D/A 转换器
7	MULTIVIBRATORS	包括各种型号的多谐振荡器
8	SENSOR_INTERFACE	包括各种型号的传感器接口

2.1.10 指示器元器件组

指示器元器件组包含可用来显示仿真结果的显示元器件,单击元器件工具栏中 "放置指示器" 按钮 图 ,可弹出图 2-12 所示的指示器元器件组选择对话框。在 "系列" 栏下有 9 项分类,见表 2-10。

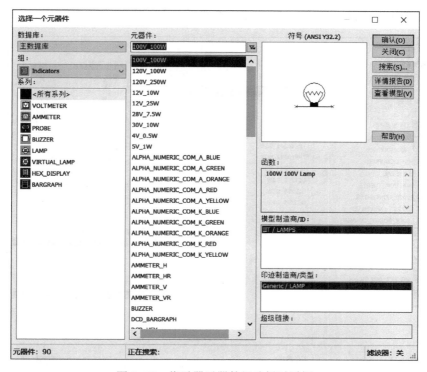

图 2-12 指示器元器件组选择对话框

表 2-10　指示器元器件组"系列"栏选项说明

序　号	名　　称	说　　明
1	所有系列	选择该项，显示元器件库中的所有元器件将列于窗口中间的元器件栏中
2	VOLTMETER	可测量交直流电压的电压表
3	AMMETER	可测量交直流电流的电流表
4	PROBE	包括各色探测器，相当于一个 LED，仅有一个连接端与电路中某点相连，当达到高电平时探测器发光
5	BUZZER	包括蜂鸣器和固体音调发生器
6	LAMP	包括各种工作电压和功率不同的灯泡
7	VIRTUAL_LAMP	虚拟灯泡，其工作电压和功率可调节
8	HEX_DISPLAY	包括各类十六进制显示器
9	BARGRAPH	条形光柱

2.1.11　其他元器件组

Multisim 14.2 把不能划分为某一类型的元器件单独归为一类，称为其他元器件组，包含晶振、传输线、滤波器等。单击元器件工具栏中的"放置其他"按钮 MISC，可弹出图 2-13 所示的其他元器件组选择对话框，共有 16 个系列，见表 2-11。

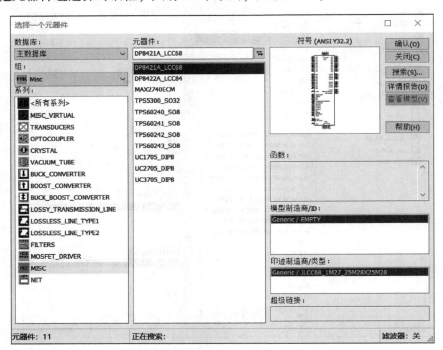

图 2-13　其他元器件组选择对话框

表 2-11　其他元器件组"系列"栏选项说明

序　号	名　称	说　明
1	所有系列	选择该项，混合类元器件库中的所有元器件将列于窗口中间的元器件栏中
2	MISC_VIRTUAL	包括一些虚拟的元器件，如虚拟晶振、虚拟熔丝、虚拟发动机、虚拟光电耦合器等
3	TRANSDUCERS	包括各种功能的传感器
4	OPTOCOUPLER	包括各类光电耦合器
5	CRYSTAL	包括各类晶振
6	VACUUM_TUBE	包括各种类型的真空管
7	BUCK_CONVERTER	降压转换器
8	BOOST_CONVERTER	升压转换器
9	BUCK_BOOST_CONVERTER	升降压转换器
10	LOSSY_TRANSMISSION_LINE	有损传输线
11	LOSSLESS_LINE_TYPE1	一类无损传输线
12	LOSSLESS_LINE_TYPE2	二类无损传输线
13	FILTERS	各类滤波器芯片
14	MOSFET_DRIVER	各类 MOS 管驱动器
15	MISC	各类其他器件，如三态缓冲器、集成 GPS 接收器等
16	NET	包括不同接口数量的网

任务 2.2　Multisim 14.2 虚拟仪器的使用

　　Multisim 软件中提供多种虚拟仪器，集成于原理图编辑界面。用虚拟仪器来测量和显示电路中的各种电参数和电性能，就像在实验室使用真实仪器测量真实电路一样，这是 Multisim 14.2 软件最具特色的地方。用虚拟仪器检验和测试电路是一种简单、有效的途径，能起到事半功倍的作用。虚拟仪器不仅能测试电路参数和性能，而且可以对测试的数据进行分析、打印和保存等。

2.2.1 万用表

Multisim 14.2 提供的数字万用表外观和操作方法与实际的设备十分相似。万用表是一种可以用于测量交（直）流电压、交（直）流电流、电阻及电路中两点之间分贝电压消耗的一种仪表，它可以自动调整量程，测量灵敏度可以根据测量需要通过修改内部电阻来调整。在仪器栏中选择万用表后，图 2-14a 所示的图标将随鼠标的拖动而移动，在工作区适当的位置单击放置万用表，双击图标将打开图 2-14b 所示的面板，当万用表的正负端连接到电路中时将显示测量数据。万用表面板从上到下可分为以下几部分。

- 显示栏：显示测量数据。
- 测量类型选择栏：单击"A"按钮表示进行电流测量，单击"V"按钮表示进行电压测量，单击"Ω"按钮表示进行电阻测量，单击"dB"按钮将进行两点之间分贝电压损耗的测量。
- 信号模式选择栏：可选择测量交流信号或直流信号。
- "设置"按钮：单击面板上的"设置"按钮将弹出图 2-15 所示的"万用表设置"对话框，在该对话框中可进行电流表内阻、电压表内阻、欧姆表电流和 dB 相关值所对应电压值的电子特性设置，也可进行电流表、电压表和欧姆表显示范围的设置。一般情况下，采用默认设置即可。

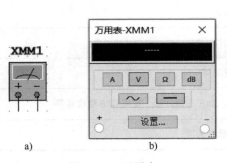

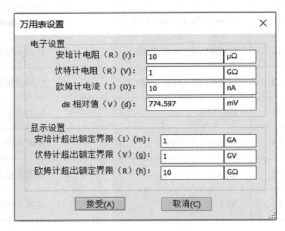

图 2-14 万用表
a）图标 b）面板

图 2-15 "万用表设置"对话框

【例 2-1】用万用表测试图 2-16 所示的电路。

1）搭建电路。

搭建的电路如图 2-16 所示，其中，V1 为 5 V、1 kHz 的交流电压源，位于"电源"组"POWER_SOURCES"系列中。万用表位于电路编辑区右侧的虚拟仪器栏里。

【例 2-1】万用表使用

2）仿真测试。

单击"Run"按钮 ▶，对电路进行测试。双击万用表符号，弹出其前面板，显示的数值如图 2-16 所示。

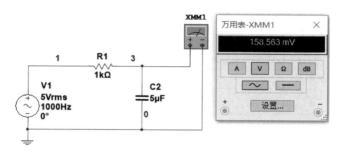

图2-16 万用表的应用

该电路为一阶无源低通滤波器电路，其通带截止频率 $f_H = \dfrac{1}{2\pi R_1 C_2} \approx 31.8\,\text{Hz}$，1 kHz 频率

处的放大倍数为 $A_{VH} = \dfrac{1}{\sqrt{1+(f/f_H)^2}} \approx 0.0318$。当输入 5 V、1 kHz 的交流信号时，则节点 3 上

的电压为 5 V×0.0318＝0.159 V。用万用表观察输出节点的交流电压，可得示数为 158.563 mV，
和计算的理论值大小近似相等。

2.2.2 函数发生器

函数发生器又可称信号发生器或函数信号发生器，可提供正弦波、三角波和方波三种电压信号，图2-17a 所示为函数发生器的图标，双击图标将打开图2-17b 所示的面板，函数发生器除了正负电压输出端，还有公共接地端。

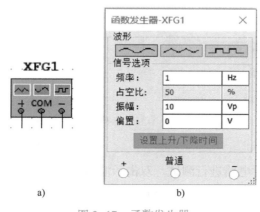

图2-17 函数发生器
a）图标 b）面板

- "波形"栏：从左到右依次单击按钮可选择输出正弦波、三角波或方波信号。
- "频率"栏：用于设置输出信号的频率。
- "占空比"栏：用于设置输出三角波信号和方波信号的占空比。
- "振幅"栏：用于设置信号的幅值，即信号直流分量到峰值之间的电压值。
- "偏置"栏：用于设置输出信号的直流偏置电压，默认值为 0 V。
- "设置上升/下降时间"按钮：用于设置方波信号的上升和下降时间，单击该按钮可弹出图2-18 所示的方波上升/下降时间设置对话框。

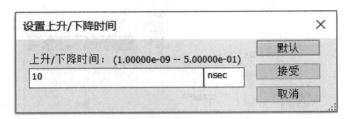

图 2-18　方波上升/下降时间设置对话框

【例 2-2】用函数发生器和示波器测试一阶无源低通滤波电路。

1）搭建电路。

搭建的电路如图 2-19 所示，其中，XFG1 为函数发生器，输入信号为矩形波，其电压为 10 V，频率为 10 Hz，占空比为 50%，将上升/下降时间设为 1 ns。输入信号由函数发生器的正电压端引出，为便于连线，右键单击函数发生器，在弹出的快捷菜单中选择将函数发生器左右翻转，XSC1 为双通道示波器，都位于电路编辑区右侧的虚拟仪器栏里。

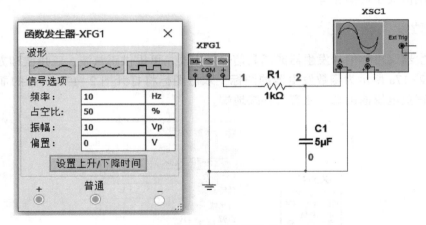

图 2-19　函数发生器的应用

2）仿真测试。

单击"Run"按钮，对电路进行测试。双击示波器符号，弹出其前面板，显示的波形如图 2-20 所示。电路的低通截止频率为 31.8 Hz，方波的基波频率为 10 Hz，基波没有被滤波器滤除，只滤除了矩形波的高次谐波，所以图 2-20 输出端波形不再是一个严格的矩形波，而是被平滑处理后的矩形波。

2.2.3　功率计

功率计又称瓦特计，用于测量电路的功率及功率因数。功率因数是电压与电流之间的相位差的余弦值。在仪器栏中选择功率计后，图 2-21a 所示的图标将随鼠标的拖动而移动，在工作区适当的位置单击鼠标左键放置功率计，双击图标将打开图 2-21b 所示的面板，面板中上面显示电路输出负载上的功率值，下面显示功率因数。连接功率计时，应使电压表与负载并联，电流表与负载串联。

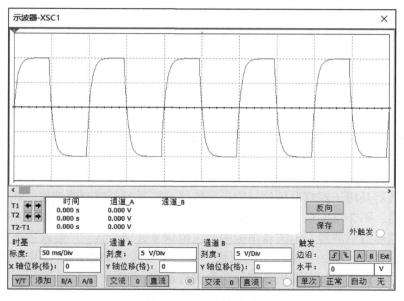

图 2-20　输出端波形

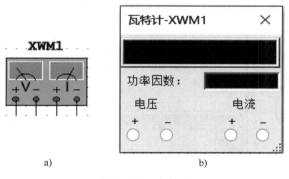

图 2-21　功率计

a）图标　b）面板

【例 2-3】 使用功率计测试图 2-22a 所示电路的功率。

【例 2-3】功率计使用

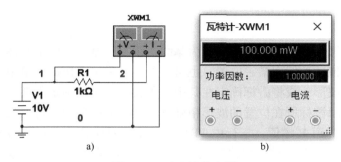

图 2-22　功率计的应用

a）图标　b）面板

1）搭建电路。

搭建的电路如图 2-22a 所示，其中，XWM1 为功率计，位于电路编辑区右侧的虚拟仪器栏里。

2）仿真测试。

单击"Run"按钮，对电路进行测试。双击功率计符号，弹出其前面板，显示的功率数值和功率因数如图 2-22b 所示。功率为流过电阻 R1 的电流与其上的压降之积。显示的电阻功率为 100 mW，功率因数为 1，这是因为流过电阻的电流与电压没有相位差。

2.2.4 双通道示波器

双通道示波器是用于观察电压信号波形的仪器，可同时观察两路波形。在仪器栏中选择双通道示波器后，图 2-23a 所示的图标将随鼠标的拖动而移动，在工作区适当的位置单击鼠标左键放置双通道示波器，示波器图标中的三组信号分别为 A、B 输入通道和外触发信号通道。双击图标将打开图 2-23b 所示的面板，其中主要按钮的作用调整及参数的设置和实际示波器相似，下面将示波器面板各部分功能进行说明。

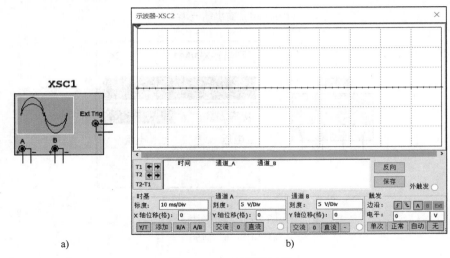

图 2-23 双通道示波器

a）图标　b）面板

1. 波形和数据显示部分

波形显示屏背景颜色默认为黑色，中间最粗的白线为基线。垂直于基线有两根游标，用于精确标定波形的读数，可手动拖动游标到某一位置，也可右击，从弹出的快捷菜单中选择显示波形的标记，用以区分不同波形，或将游标确定在其中一条波形上用以确定周期、幅值等。波形显示屏下方的区域将显示游标所在位置的波形精确值。其中数据分为三行三列，三列分别为时间值、通道 A 幅值和通道 B 幅值，三行中 T1 为游标 1 所对应数值，T2 为游标 2 所对应数值，T2-T1 为游标 1 和游标 2 所对应数值之差。T1、T2 右边的箭头可以用来控制游标的移动。单击数据右边的"反向"按钮，可将波形显示屏背景颜色转为白色，单击"保存"按钮可将当前的数据以文本的形式保存。

2. 时基控制部分

时基控制部分的各项说明如下。

- 标度：设置 X 轴每个网格所对应的时间长度，改变其参数可将波形在水平方向展宽或压缩。
- X 轴位移：用于设置波形在 X 轴上的起始位置，默认值为 0，即波形从显示屏的左边缘开始。
- 显示方式选择：示波器的显示方式有 4 种，Y/T 方式将在 X 轴显示时间，Y 轴显示电压值；添加方式将在 X 轴显示时间，Y 轴显示 A 通道和 B 通道的输入电压之和；B/A 方式将在 X 轴显示 A 通道信号，Y 轴显示 B 通道信号；A/B 方式和 B/A 方式正好相反。后两种方式显示的图形为李萨如图形。

3. 示波器通道设置部分

A、B 通道的各项设置相同，下面进行详细说明。

- 刻度：设置 Y 轴的每个网格所对应的幅值大小，改变其参数可将波形在垂直方向展宽或压缩。
- Y 轴位移：用于设置波形 Y 轴零点值相对于示波器显示屏基线的位置，默认值为 0，即波形 Y 轴零点值在显示屏基线上。
- 信号输入方式：用于设定信号输入的耦合方式。当用交流耦合时，示波器显示信号的交流分量而把直流分量滤掉；当用直流耦合时，将显示信号的直流和交流分量；当用 0 耦合时，在 Y 轴的原点位置将显示一条水平直线。

4. 触发参数设置部分

触发参数设置部分的各项功能如下。

- 触发沿选择：可选择输入信号或外触发信号的上升沿或下降沿触发采样。
- 触发源选择：可选择 A、B 通道和外触发通道（Ext）作为触发源。当 A、B 通道信号作为触发源时，当通道电压大于预设的触发电压时才启动采样。
- 触发电平选择：用于设置触发电压的大小。
- 触发类型选择：有 4 种类型可选，其中"单次"为单次触发方式，当触发信号大于触发电平时，示波器采样一次后停止采样，在此单击"单次"按钮，可在下次触发脉冲来临后再采样；"正常"为普通触发方式，当触发电平被满足后，示波器刷新，开始采样；"自动"表示计算机自动提供触发脉冲触发示波器，而无须触发信号。示波器通常采用这种方式；"无"表示取消设置触发。

【例 2-4】用双通道示波器测试图 2-24 所示电路的输入、输出波形。

【例2-4】双通道示波器使用

1）搭建电路。

搭建的电路如图 2-24 所示，其中，V2 为 5 V、50 Hz 的交流电压源，位于"电源"组"POWER_SOURCES"系列中。示波器的 A 通道接到输入信号、B 通道接到输出信号，位于电路编辑区右侧的虚拟仪器栏里。

2）仿真测试。

单击"Run"按钮，对电路进行测试。双击示波器符号，弹出其前面板，显示的波形如图 2-25 所示。

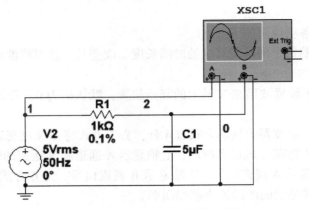

图 2-24　双通道示波器的应用

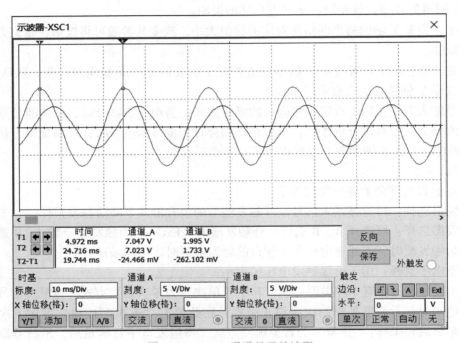

图 2-25　A、B 通道显示的波形

　　单击"反向"按钮将显示屏背景反白，面板中各项的设置如图 2-25 中所示。由于输入信号为 50 Hz，所以信号的周期为 20 ms，为了便于观察信号，可将 X 轴的标度设为 10 ms/Div；输入信号幅值为 5 V，所以将 A、B 通道中的 Y 轴刻度都设为 5 V/Div。可以看到，50 Hz 的输入信号通过通带截止频率为 31.8 Hz 的一阶无源低通滤波器后有一定的衰减和相移。移动游标 1 和 2，可以观察到输入、输出信号峰值的精确值。

2.2.5　4 通道示波器

　　4 通道示波器可以同时测量 4 个通道的信号。在仪器栏中选择 4 通道示波器后，图 2-26a 所示的图标将随鼠标的拖动而移动，在工作区适当的位置单击可放置 4 通道示波器，示波器图标中的 A、B、C、D 引脚分别为 4 路信号输入端，T 为外触发信号通道，G 为公共接地端。双击图标将打开图 2-26b 所示的面板，其中主要设置可参见双通道示波器，只是其 4 个通道的控制通过一个旋钮来实现，当单击某一方向上的旋钮时，则可对该方向所对应通道的参数进行设置。

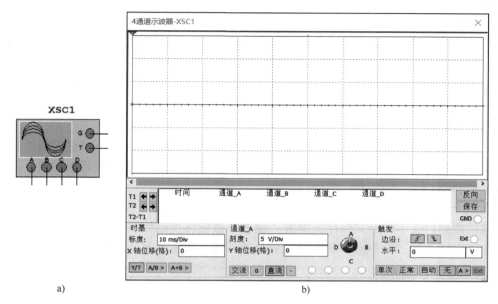

图 2-26　4 通道示波器

a）图标　b）面板

2.2.6　波特图仪

波特图仪在软件汉化时又称"波特测试仪"，可用来测量电路的幅频特性和相频特性。在使用波特图仪时，电路的输入端必须接入交流信号源。在仪器栏中选择波特图仪后，图 2-27a 所示的图标将随鼠标的拖动而移动，在工作区适当的位置单击可放置该图标，双击它可打开图 2-27b 所示的波特图仪的前面板，前面板可分为以下几部分。

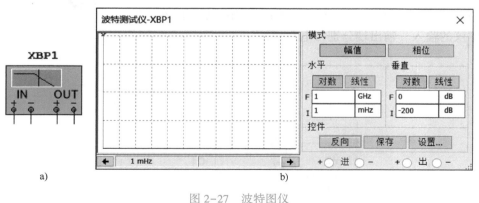

图 2-27　波特图仪

a）图标　b）面板

（1）数据显示区

数据显示区主要用于显示电路的幅频或相频特性曲线。波特图仪显示屏上也有一个游标，可以用来精确显示特性曲线上任意点的值（频率值显示在显示屏左下方，幅值或相位显示在显示屏的右下方），游标的操作和示波器中相同，不再赘述。

（2）模式选择区

单击"幅值"按钮，波特图仪将显示电路幅频特性；单击"相位"按钮则显示相频特性。

（3）坐标设置区

在垂直坐标和水平坐标设置部分，按下"对数"按钮，则坐标以底数为 10 的对数形式显示；按下"线性"按钮，则坐标以线性形式显示。在显示相频特性时，纵坐标只能选择以线性的形式显示。

水平坐标刻度显示的总是频率值，在 F 栏下可设置终止频率，I 栏下可设置起始频率；

垂直坐标刻度可显示幅值或相位，在 F 栏下可设置终值，I 栏下可设置起始值。

（4）控件区内

包含三个按钮，单击"反向"按钮将使波特图仪显示屏背景反色，单击"保存"按钮可将当前的数据以文本的形式保存，单击"设置"按钮将弹出如图 2-28 所示的参数设置对话框，在该对话框的"分解点"栏下可设置分辨点数，数值越大分辨率越高。

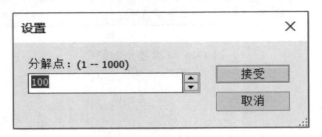

图 2-28　波特图仪分辨点数设置

【例 2-5】用波特图仪测试电路的幅频特性。

1）搭建电路。

搭建的电路如图 2-29 所示，仍以上面的低通滤波电路为例，其中，XBP1 为波特图仪，位于电路编辑区右侧的虚拟仪器栏里，将波特图仪的输入、输出端分别与电路相连。

【例 2-5】波特图仪使用

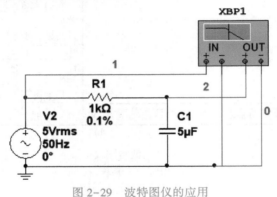

图 2-29　波特图仪的应用

2）仿真测试。

单击"Run"按钮，对电路进行测试。双击波特图仪图标可打开前面板，选择显示幅频特性，幅频特性曲线及相应设置如图 2-30 所示，将游标移到 Y 值为 -3 dB 时所对应的位置，可得通带截止频率为 32.308 Hz，与理论值 31.8 Hz 接近。选择显示相频特性，相频特性曲线及相应设置如图 2-31 所示，将游标的 X 值设为 50 Hz，则相应的相角为 -57.319°，即输出信号滞后于输入信号。

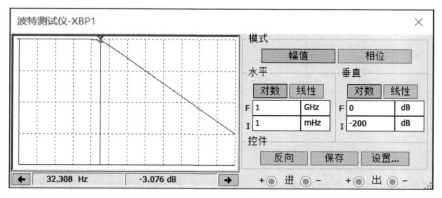

图 2-30　幅频特性

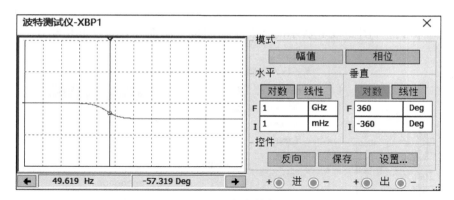

图 2-31　相频特性

2.2.7　频率计数器

频率计数器又称频率计，可以测量电路的频率、周期等。在仪器栏中选择频率计数器后，图 2-32a 所示的图标将随鼠标的拖动而移动，在工作区适当的位置单击可放置频率计数器，频率计数器只有一个端口，可以直接连接在需要测试的电路中。

双击图标将打开图 2-32b 所示的面板，"测量"栏可以查看电路的频率、周期、正负脉冲所需时间和信号的上升下降时间；"耦合"栏可以选择信号输入的耦合方式，当用交流耦合时，输入信号只有交流分量，而把直流分量滤掉，当用直流耦合时，将输入信号的直流和交流分量；"灵敏度（RMS）"栏可以设置灵敏电压，当大于电路中电压时，频率计数器将不工作；"触发电平"栏可以设置触发电压大小；勾选"缓变信号"复选框，可以动态地显示被测的频率值；"压缩比"可以设置波形周期的压缩比例。

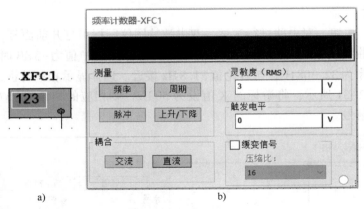

图 2-32 频率计数器

a）图标 b）面板

2.2.8 字发生器

字发生器能同时产生 32 路逻辑信号，用于对数字逻辑电路进行测试。在仪器栏中选择字发生器后，图 2-33a 所示的图标将随鼠标的拖动而移动，在工作区适当的位置单击可放置该图标，图标左右两边分别为 32 路信号输出端，R 端为备用信号端，T 端为外触发信号端子。双击图标可打开图 2-33b 所示的字发生器面板，面板可分为以下几部分。

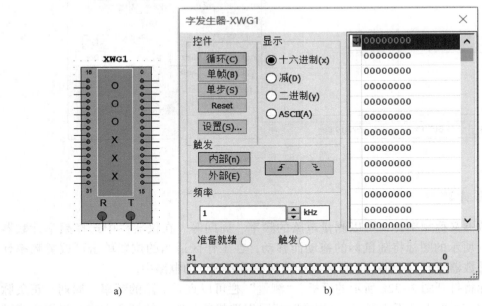

图 2-33 字发生器

a）图标 b）面板

1. 字信号编辑显示区

该区域位于面板最右侧，当前信号以 8 位十六进制数的形式显示，信号的显示形式还可以在"显示"区更改。所有信号的初始值都为 0，单击某一行信号可对其进行修改。字发生器的最右侧的空白显示区用来显示字符。在字信号编辑区，32 bit 的字信号以 8 位十六进制数编辑和存储，可以存储 1024 条字信号，地址编号为 0000~03FF。

字信号输入操作：将光标指针移至字信号编辑区的某一位，单击后，由键盘输入如二进制数码的字信号，光标自左至右、自上至下移位，可连续地输入字信号。在字信号编辑显示区可以编辑或显示与字信号格式有关的信息。字发生器被激活后，字信号按照一定的规律逐行从底部的输出端送出，同时在面板的底部对应于各输出端的小圆圈内，实时显示输出字信号各个位（bit）的值。鼠标右键单击某一行信号，可弹出图 2-34 所示的快捷菜单。

2. "控件"选项组

控制输出字符，用来设置字信号发生器的最右侧的字符编辑显示区字符信号的输出方式，有下列 4 种模式。

- 循环：在已经设置好的初始值和终止值之间循环输出字符。
- 单帧：每单击一次，字信号发生器将从初始值开始到终止值之间的逻辑字符输出一次，即单页模式。
- 单步：每单击一次，输出一条字信号，即单步模式。

图 2-34 字信号设置快捷菜单

- Reset：重新设置，返回默认参数。

单击"设置"按钮，弹出如图 2-35 所示的对话框。该对话框由"预设模式""显示类型"等组成，主要用来设置字信号的变化规律。

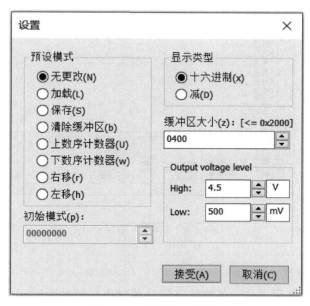

图 2-35 "设置"对话框

3. "显示"选项组

用于设置字发生器的最右侧的字符编辑显示区的字符显示格式，有十六进制、减、二进制、ASCII 四种计数格式。

4. "触发"选项组

用于设置触发方式。

- 内部：内部触发方式，字符信号的输出由控件区的三种输出方式中的某一种来控制。
- 外部：外部触发方式，此时，需要接入外部触发信号。右侧的两个按钮用于外部触发脉冲的上升或下降沿的选择。

5. "频率"选项组

用于设置字符信号输出时钟频率。

2.2.9 逻辑分析仪

逻辑分析仪用来对数字逻辑电路的时序进行分析，可以同步显示 16 路数字信号。在仪器栏中选择逻辑分析仪后，图 2-36a 所示的图标将随鼠标的拖动而移动，在工作区适当的位置单击可放置该图标，图标左边的 16 个引脚可连接 16 路数字信号，下面的 C 端用于外接时钟信号，Q 端为时钟控制端，T 端为外触发信号控制端。双击图标可打开图 2-36b 所示的逻辑分析仪面板，面板可分为以下几部分。

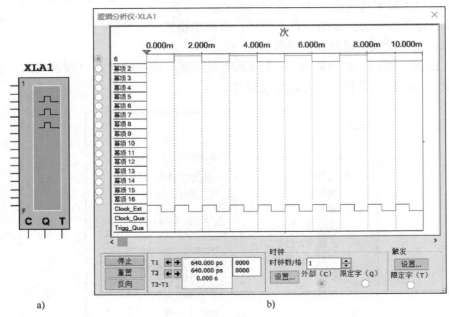

图 2-36 逻辑分析仪

a) 图标 b) 面板

1. 波形及数据显示区

逻辑分析仪的显示屏用于显示各路数字信号的时序，顶端为时间坐标，左边前 16 行可显示 16 路信号，已连接输入信号的端点，其名称将变为连接导线的网点名称，下面的 "Clock_Ext" 为标准参考时钟，"Clock_Qua" 为时钟检验信号，"Trigg_Qua" 为外触发检验信号。

两个游标用于精确显示波形的数据，波形显示屏下方的 T1 和 T2 两行的数据分别为两个游标所对应的时间值，以及由所有输入信号从高位到低位所组成的二进制数所对应的十六进制数，T2-T1 行显示的是两个游标所在横坐标的时间差。

2. 控制按钮区

- "停止"按钮：停止仿真。
- "重置"按钮：重新进行仿真。
- "反向"按钮：将波形显示屏的背景反色。

3. "时钟"选项区

其中"时钟数/格"栏用于设置一个水平刻度中显示脉冲的个数。单击下方的"设置"按钮，可弹出图 2-37 所示的采样时钟设置对话框，该对话框的各项设置如下。

- "时钟源"选项区：用于设置时钟信号为外部时钟或内部时钟，当选择外部时钟后，"时钟脉冲限制器"项可设，即可选时钟限制字为 1、0 或×。
- "时钟频率"选项区：用于设置时钟信号频率。
- "采样设置"选项区：该区域用于设置采样方式，包含三个选项，其中"预触发样本"选项用于设置触发信号到来之前的采样点数；"后触发样本"选项用于设定触发信号到来后的采样点数；"阈值电压（V）"选项用于设定门限电压。

4. "触发"选项区

单击"设置"按钮，可打开图 2-38 所示的触发方式设置对话框，其中包括以下几部分。

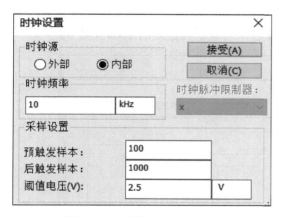

图 2-37　"时钟设置"对话框

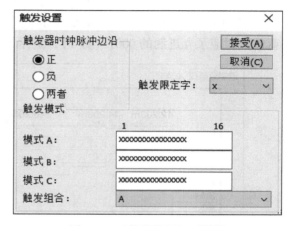

图 2-38　"触发设置"对话框

- "触发器时钟脉冲边沿"选项区：用于设定触发方式，可选上升沿触发、下降沿触发或上升沿、下降沿皆可。
- "触发限定字"栏：用于设定触发检验，可选 0、1 或×。
- "触发模式"选项区：用于选择触发模式，有三种可设模式 A、B、C，用户可以编辑。每个模式中包含 16 位字，每位可选 0、1 或×，在"触发组合"下拉菜单中可选定这三种模式中的一种或这三种模式的某种组合（如与、或等）。

【例 2-6】用逻辑分析仪测试图 2-39 所示的电路。

1）搭建电路。

搭建的电路如图 2-39 所示，其中，74LS161N 为十六进制计数器，位于"TTL"组"74LS"系列中，该电路为一用 74LS161N

【例 2-6】逻辑分析仪使用

芯片设计的九进制计数器。输入时钟信号为 1 kHz 的脉冲信号，计数器 74LS161N 的输出端和逻辑分析仪信号输入端按信号的高低位依次连接。逻辑分析仪采用和计数器同一外部时钟，在逻辑分析仪时钟设置中将时钟改为外部时钟，频率设置为 1 kHz，其他设置按默认的设置，XLA1 为逻辑分析仪，位于电路编辑区右侧的虚拟仪器栏里。

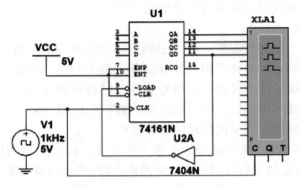

图 2-39 逻辑分析仪的应用

2）仿真测试。

单击 "Run" 按钮，对电路进行测试。双击逻辑分析仪符号，弹出其前面板，显示的波形如图 2-40 所示。6 端信号为最低位的信号，可以看到电路实现了九进制计数，游标 1（蓝色）对应了九进制的 0001（数 1），游标 2（红色）对应了九进制的 1000（数 8）。

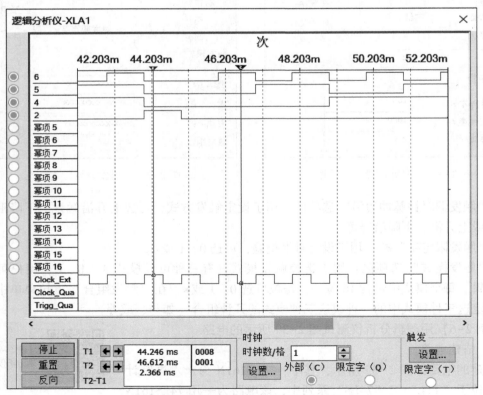

图 2-40 九进制计数器电路仿真时序

2.2.10　IV 分析仪

IV 分析仪在 Multisim 14 中专门用于分析二极管、PNP 和 NPN 型晶体管、PMOS 和 CMOS FET 的 IV 特性，如图 2-41 所示为 IV 分析仪图标，其中共有 3 个接线端，从左到右的 3 个接线端分别接晶体管的 3 个电极。IV 分析仪只能够测量未连接到电路中的元器件。选择菜单栏中的"仿真"→"仪器"→"IV 分析仪"命令，或单击"仪器"工具栏中的"IV 分析仪"按钮，放置图标，双击 IV 分析仪图标，弹出图 2-44 所示的参数设置对话框，该对话框主要功能如下。

图 2-41　IV 分析仪图标

- "元器件"选项组：选择伏安特性测试对象，有 Diode（二极管）、BJT PNP（晶体管）、MOS 管等选项。
- "电流范围"选项组：设置电流范围，有"对数"和"线性"两种选择。
- "电压范围"选项组：设置电压范围，有"对数"和"线性"两种选择。
- "反向"按钮：单击该按钮，转换显示区背景颜色。
- "仿真参数"按钮：单击该按钮，弹出如图 2-42 所示的"仿真参数"对话框，设置仿真参数区。

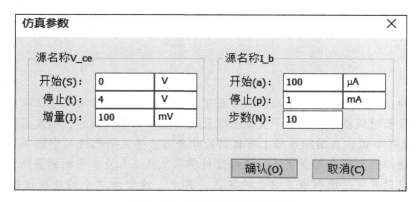

图 2-42　"仿真参数"对话框

【例 2-7】试用 IV 分析仪测试晶体管的伏安特性。

1）搭建电路。

搭建的电路如图 2-43 所示，其中，XIV1 为 IV 分析仪，位于电路编辑区右侧的虚拟仪器栏里，IV 分析仪最左边接晶体管的基极，中间接发射极，右边接集电极。

2）仿真测试。

单击"Run"按钮，对电路进行测试。双击 IV 分析仪符号，显示的波形如图 2-44 所示。

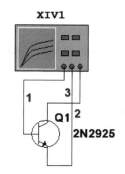

图 2-43　IV 分析仪仿真

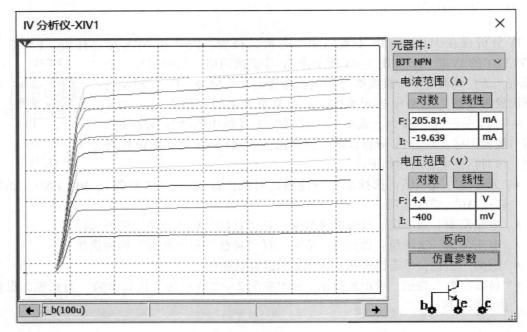

图 2-44　IV 分析仪仿真结果

拓展阅读

　　虚拟仪器的出现，给仪器科学与技术带来了又一次震撼，它带给电子工程师一种全新的理念和体验。较长时间以来，美国一直是全球最大的虚拟仪器提供方，研发虚拟仪器的主要厂家有 NI、HP 等公司，在国际市场上有较强的竞争力，并且早已进入中国市场。相比较而言，中国国内虚拟仪器研究起步较晚，但经过科学家及从业人员多年的刻苦研究与努力，我国已经在虚拟仪器开发方面形成了自己的特色，其中，被称为"中国虚拟仪器之父"的应怀樵先生功不可没。

　　应怀樵先生长期致力于振动噪声控制、信号信息处理、测控技术、故障诊断、模态分析以及数采与信号分析仪器（虚拟仪器）的研究开发工作，自主创新研发完成了 DASP 虚拟仪器库和 INV303/306/3018 移动试验室。他数十年如一日，呕心沥血，将全部精力投入虚拟仪器的科学研究中，自主创新 112 项新技术，攻克十大世界性难题并填补国内空白，特别是对"传递函数的测试及实时控制和反演关键技术"的成功突破，为提高虚拟仪器测量精度和应用范围开创了新途径，对推动我国虚拟仪器的发展具有重大意义。

课后练习

　　【练 2-1】分别用万用表、电压表和电流表测量图 2-45 所示电路的静态工作点，并用示波器观察电路的输入、输出波形，测量电路的电压放大倍数。

　　【练 2-2】试用波特仪仿真分析图 2-46 所示电路 L、C 并联谐振回路的频率特性。

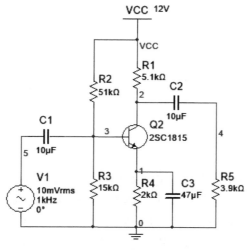

图 2-45 练 2-1 图

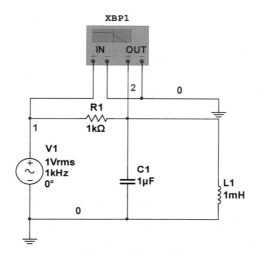

图 2-46 练 2-2 图

项目3　电路特性的常用仿真方法

项目描述

运用 Multisim 14 进行电路仿真时，通常会用虚拟仪器对电路的特征参数进行测量，以确定电路的性能指标是否达到了设计要求。然而，一般来说，虚拟仪器只能完成电压、电流、波形和频率等测量，在反映电路的全面特性方面存在一定的局限性。例如，当需要了解元器件参数、元器件精度或温度变化对电路性能的影响时，仅靠虚拟仪器测量将十分费时、费力。此时，借助 Multisim 14 提供的仿真分析功能，将不仅可以完成电压、电流、波形和频率的测量，而且能够实现电路动态特性和参数的全面描述。本章将结合实例分别介绍 Multisim 14.2 中各项仿真方法的使用。

除提供交互式仿真功能外，Multisim 14.2 软件还提供多达 19 项的仿真方法，如直流工作点分析、交流分析、瞬态分析、直流扫描分析、单频交流分析、参数扫描分析、傅里叶分析、温度扫描分析、失真分析等。本项目以典型案例为引领，详细介绍各仿真分析方法的功能、使用步骤及应用场合。

任务 3.1　电路的交互式仿真

选择菜单栏中的 "仿真" → "Analysis and Simulation"，可打开图 3-1 所示的仿真分析界面。在图 3-1 左侧的列表中选中某项仿真分析后，其右侧将显示一个与该分析功能对应的对话框，由用户设置相关的分析变量、分析参数和分析节点等。

当在图 3-1 左侧列表中选择 "Interactive Simulation" 后，图 3-1 右侧所示的对话框会显示 3 个分析设置选项卡，分别如图 3-2~图 3-4 所示。其中，图 3-2 的 "瞬态分析仪器的默认值" 选项卡主要用于设置仿真的初始条件、结束时间和时间步长等；图 3-3 的 "输出" 选项卡用于设置在仿真结束进行数据检查跟踪时是否显示所有的器件参数，当器件参数很多或者仿真退出的时间较长时，可以选择不显示器件参数，通常采用默认设置；图 3-4 的 "分析选项" 选项卡主要用于为仿真分析进一步选择设置器件模型和分析参数等，通常采用默认值，特殊需要时用户可自行设置。

完成上述 3 个选项卡的设置后，单击图 3-1 中的 "▶ Run" 按钮开始仿真（若单击 "Save" 按钮则只保留设置，不进行仿真）。要停止仿真，需单击 Multisim 14 主界面上的按钮 ■。Interactive Simulation 的作用是对电路进行时域仿真，其仿真结果需通过连接在电路中的测试仪器或显示器件等显示出来。

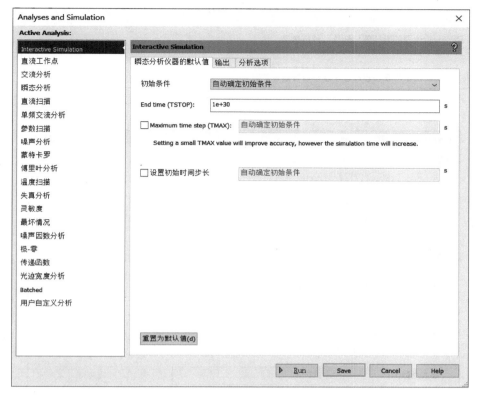

图 3-1　仿真分析界面

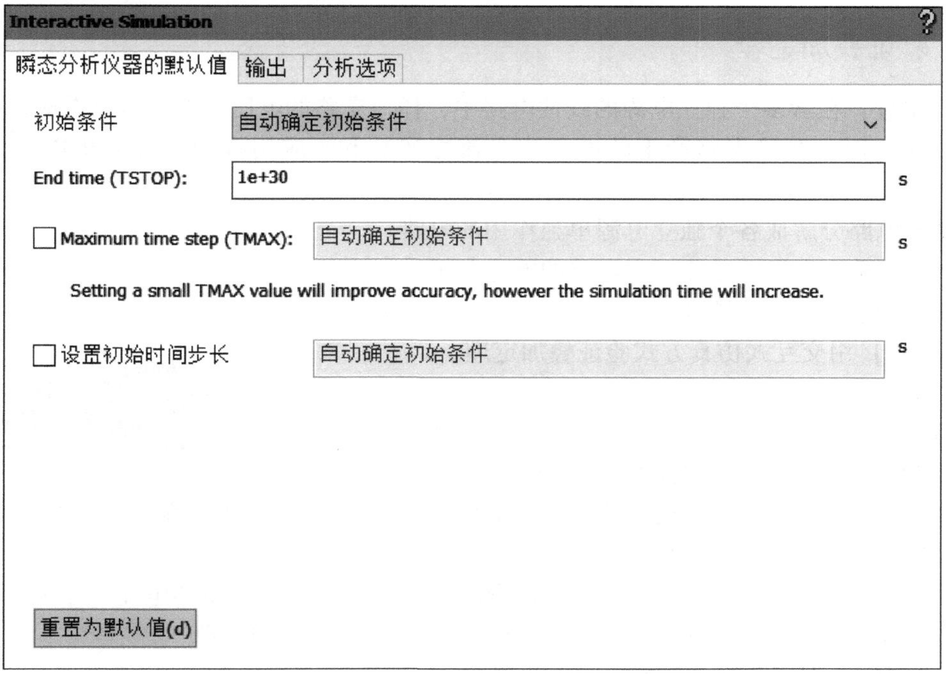

图 3-2　交互式仿真对话框之"瞬态分析仪器的默认值"选项卡

Interactive Simulation ?

| 瞬态分析仪器的默认值 | 输出 | 分析选项 |

☑ 仿真结束时在检查踪迹中显示所有器件参数

图 3-3 交互式仿真对话框之"输出"选项卡

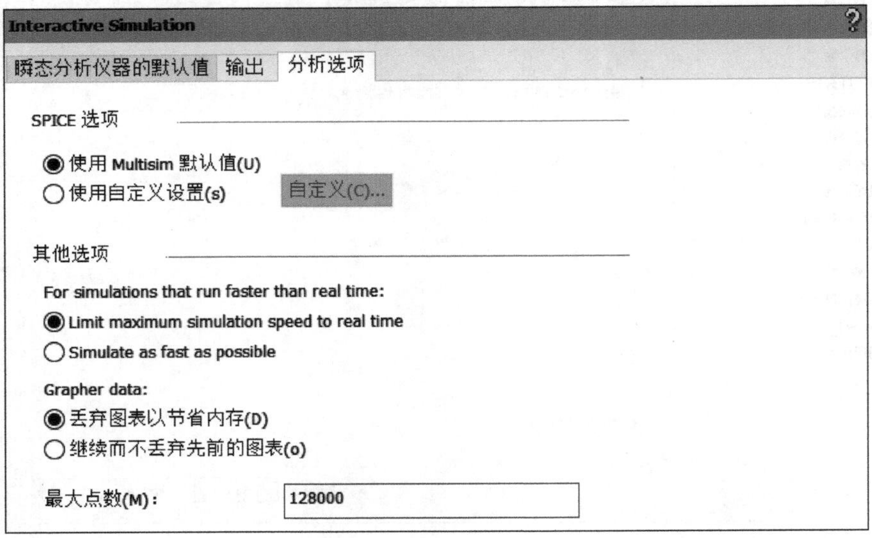

Interactive Simulation ?

| 瞬态分析仪器的默认值 | 输出 | 分析选项 |

SPICE 选项 ────────────

◉ 使用 Multisim 默认值(U)
○ 使用自定义设置(s)　　 自定义(C)...

其他选项 ────────────

For simulations that run faster than real time:
◉ Limit maximum simulation speed to real time
○ Simulate as fast as possible

Grapher data:
◉ 丢弃图表以节省内存(D)
○ 继续而不丢弃先前的图表(o)

最大点数(M)：　　　　128000

图 3-4 交互式仿真对话框之"分析选项"选项卡

3.1.1 验证叠加定理

叠加定理：在含多个独立电源的线性电路中，任一支路的电压或电流可以看成是各独立电源单独作用时，在该支路产生的电压或电流之代数和。应用叠加定理分析电路的步骤如下。

- 将原电路分解成各个独立电源单独作用的电路。
- 求每个独立电源单独作用时电路的响应分量。
- 求各响应分量的代数和。

【例 3-1】用交互式仿真方式验证叠加定理。

1）搭建电路。

搭建的电路如图 3-5 所示，其中，图 3-5b 是图 3-5a 中 2 V
电压源单独作用时的电路，此时 1 A 电流源置零（开路）；相应
地，图 3-5c 是图 3-5a 中 1 A 电流源单独作用时的电路，此时 2 V 电压源置零（短路）。

2）用电流表验证叠加定理。

从图 3-5 所示 3 个电流表的指示可见，图 3-5a 中 2 Ω 电阻支路的电流等于图 3-5b 中 2 Ω 电阻支路电流与图 3-5c 中 2 Ω 电阻支路电流之和，满足叠加定理。

3）非线性元件或非线性参数情况下的测试。

进一步实验，若将图 3-5 中 2 Ω 电阻支路各串联一个普通二极管（1N1202C），则图 3-5a

中电流表指示为 0.381 A、图 3-5b 中电流表指示为 0.195 A、图 3-5c 中电流表指示为 0.032 A，显然不满足叠加定理，即叠加定理不适用于含非线性元件的电路。

另外，当测量 2 Ω 电阻的功率时，若将图 3-5 中的电流表均用功率表替换，此时图 3-5a 中的功率表指示为 720 mW、图 3-5b 中的功率表指示为 320 mW、图 3-5c 中的功率表指示为 80 mW，也不满足叠加定理，即叠加定理不适用于功率。

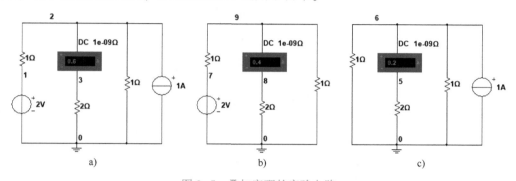

图 3-5　叠加定理的实验电路
a）两个独立电源　b）电压源单独作用　c）电流源单独作用

提示：

叠加定理只适用于线性元件组成的线性电路。

任一独立电源单独作用时，需将其他独立电源置零，即将其他电压源短路、电流源开路。

受控源不能单独作为电路的激励，每个独立电源单独作用于电路时，需要保留受控源。

叠加定理不能用于功率的叠加，因为功率不是电压或电流的一次函数（线性函数）。

3.1.2　测试单管放大电路特性

【例 3-2】试用交互式仿真方法分析单管共射放大电路的特性。

1）搭建电路。

搭建如图 3-6 所示的单管共射放大电路。这里采用了分压式偏置、带发射极电阻的可稳定静态工作点的结构。输入为 10 mV、1 kHz 正弦信号，R4 是负载电阻，输入与输出分别通过电容 C1、C2 耦合。

2）交互式仿真分析。

交互式仿真即利用双通道示波器分别显示输入、输出信号的波形，如图 3-7 所示。单击工具栏按钮 ▶ Run 开始交互式仿真，游标 1 测出通道 A 对应的输入正弦信号电压幅值为 9.985 mV，游标 2 测出通道 B 对应的输出信号电压幅值为 710.965 mV。输出为正弦波，没有失真现象，故 710.965/9.985≈71.2 就是电路在输入 1 kHz 正弦信号时的放大倍数。

通过仿真实验，可以更好地理解晶体管放大原理。放大的本质是能量的控制和转换，而体现出来的作用是将输入信号的微小变化放大。电路的放大条件是晶体管发射结正向偏置，集电结反向偏置。不要将放大的条件错误理解为放大的实质，这里就需要具有辩证思维。一切事物的发展都有其内在和外在的原因，内部原因是事物发展变化的根本推动因素，外部原因是事物发展变化的外加驱动条件，外因必须通过内因才能发挥作用。放大电路之所以能够

放大，本质是将直流电源提供的能量转化为放大的交流信号，能量的转换是内因；而偏置条件保证了能量的转换，是外因。所以放大的本质是将直流源的能量转化为放大了的输出信号，只有具备思辨能力，才能更准确地理解这一点。

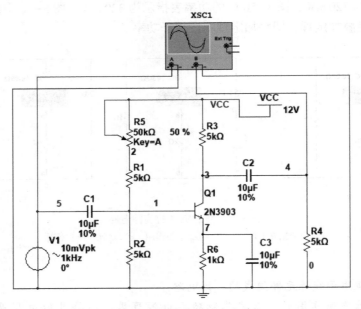

图 3-6　单管共射放大电路

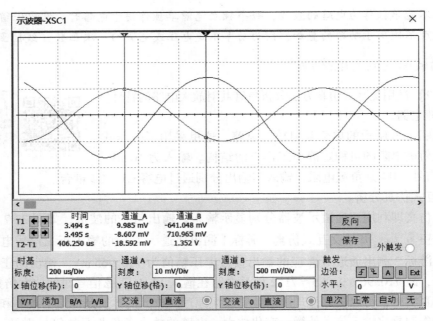

图 3-7　单管共射放大电路的仿真波形

放大电路需要有合适的静态工作点才能对输入信号适度放大，或得到最大不失真输出电压。而放大倍数和电路中的直流电源、电阻均有关系，而且不是简单的线性关系，数值过大或过小，都会导致放大电路不能正常工作，必须要有电阻和电源的配合才能得到最佳结果。

任务 3.2 电路的参数扫描分析

参数扫描分析是指在规定范围内改变指定元器件参数，对电路的指定节点进行直流工作点分析、瞬态分析和交流频率特性等分析。可对电路的性能进行分析和优化。

3.2.1 直流工作点分析

直流工作点分析是最基本的电路分析，通常是为了计算一个电路的静态工作点。合适的静态工作点是电路正常工作的前提，如果设置得不合适，会导致电路的输出波形失真，直流分析的结果通常是后续分析的桥梁。例如，直流分析的结果决定了交流频率分析时任何非线性元件（如二极管和晶体管）的近似线性的小信号模型。在进行直流工作点分析时，电路中的交流信号将自动设为 0，电容视为开路，电感视为短路，电路处于稳态，数字元件被当成接地的一个大电阻来处理。

【例 3-3】 单管共射放大电路直流工作点的仿真分析。

1）搭建图 3-8 所示的测试电路。

【例 3-3】单管共射放大电路直流工作点分析

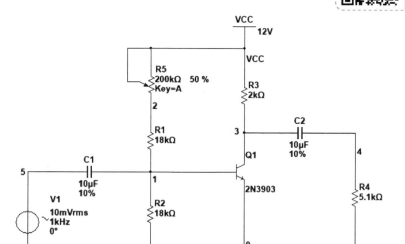

图 3-8 单管共射放大电路

2）直流工作点测试。

在仿真分析界面（见图 3-1）左侧列表中选择"直流工作点"后，在其右侧会显示 3 个分析设置选项卡，分别如图 3-9～图 3-11 所示。其中，图 3-9 所示的"输出"选项卡主要用于选择需要分析的变量，用户可从其左侧备选栏罗列的电路变量中选择需要分析的变量，通过"添加"按钮添加到右侧的分析栏中即可。本例选择 1 号和 3 号的节点电压。当备选栏罗列的电路变量不能满足用户要求时，用户也可通过其他选项添加或删除需要的变量。另外，通过"输出"选项卡还可添加元器件参数、保存变量类型等。不过，通常采用

默认设置即可。图 3-10 所示的"分析选项"选项卡通常采用默认设置。图 3-11 所示的
"求和"选项卡主要用于对所选分析设置参数的汇总，通常也采用默认设置。一般情况下，
在所有的分析对话框设置中，用户不必对"分析选项"选项卡和"求和"选项卡进行操作，
选择默认设置即可。因此，后面各节也将不再赘述。

图 3-9　直流工作点分析对话框之"输出"选项卡

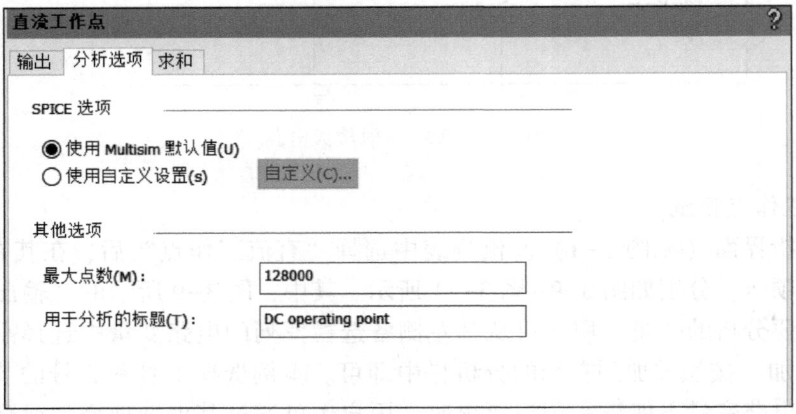

图 3-10　直流工作点分析对话框之"分析选项"选项卡

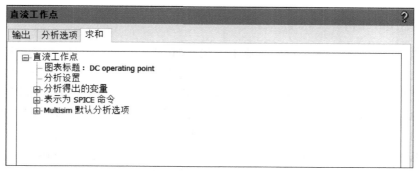

图 3-11　直流工作点分析对话框之"求和"选项卡

完成上述相关分析设置后，单击"Run"按钮即可进行仿真分析，分析结果显示在如图 3-12 所示的"图示仪视图"窗口中。可见，节点 1 和节点 3 的静态工作点电压分别为 705.68644 mV 和 3.03713 V，即静态时，晶体管的集电极电压 $U_{CE} \approx 3$ V、发射极电压 $U_{BE} \approx 0.7$ V，故图 3-8 所示的放大电路工作在放大状态。

提示：

作电路仿真分析时，若打开的电路图中未显示节点标号，则需先标出电路中待分析的节点号。其方法有三：一是通过"编辑"菜单中的"属性"命令；二是通过"选项"菜单中的"电路图属性"命令；三是直接在工作窗口的空白处单击鼠标右键，在弹出的快捷菜单中选择"属性"命令，打开"电路图属性"页，在其"电路图可见性"选项卡的"网络名称"栏中选择"全部显示"即可。

图 3-12 所示的"图示仪视图"窗口是一个多功能显示工具，不仅能将仿真分析的结果以图表等方式显示出来，而且能修改和保存分析结果，同时还可将分析结果输出转换到其他数据处理软件（如 Excel）中。

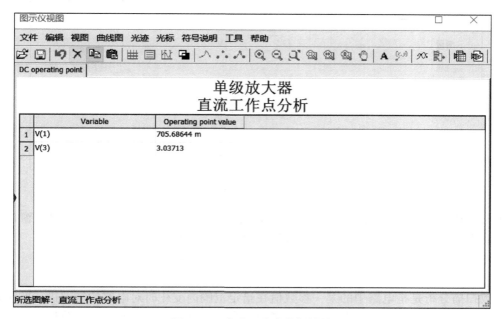

图 3-12　直流工作点分析结果

3.2.2 直流扫描分析

直流扫描分析能给出指定节点的直流工作状态随电路中一个或两个直流电源变化而变化的情况。当只考虑一个直流电源对指定节点直流状态的影响时，直流扫描分析的过程相当于每改变一次直流电源的数值就计算一次指定节点的直流状态，其结果为一条指定节点直流状态与直流电源参数间的关系曲线；而当考虑两个直流电源对指定节点直流状态的影响时，直流扫描分析的过程相当于每改变一次第二个直流电源的数值，确定一次指定节点直流状态与第一个直流电源的关系，其结果是一族指定节点直流状态与直流电源参数间的关系曲线。曲线的个数为第二个直流电源被扫描的点数，每条曲线对应一个在第二个直流电源取某个扫描值时，指定节点直流状态与第一个直流电源参数间的函数关系。

【例 3-4】 NPN 型晶体管放大特性的直流扫描分析。

1）搭建如图 3-8 所示的电路。

2）对电路做直流扫描分析。

【例 3-4】 NPN 型晶体管放大特性的直流扫描分析

在仿真分析界面（见图 3-1）左侧列表中选择"直流扫描"后，其右侧会出现如图 3-13 所示的直流扫描分析对话框。

针对直流电源 V2 设置扫描参数：起始值为 0 V、停止值为 20 V、扫描电压增量（步长）为 0.5 V。同时，在"输出"选项卡中选定 3 号节点为需要分析的节点（设置方法见直流工作点分析）。

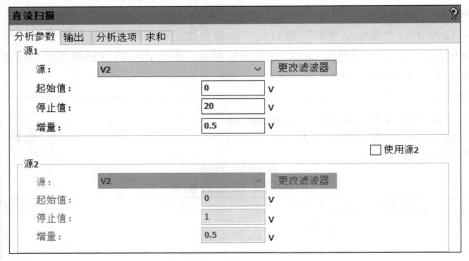

图 3-13　直流扫描分析对话框之"分析参数"选项卡

单击"Run"按钮后，直流扫描分析结果如图 3-14 所示。在"图示仪视图"窗口中可清晰、直观地看到晶体管集电极电位随直流电源变化的情况。

3.2.3 参数扫描分析

参数扫描分析是指电路中的某一参数值在给定范围内变化时对电路的特性进行的仿真分析。电压源、电流源、温度、全局参数或者模型参数等都可以进行参数扫描分析。

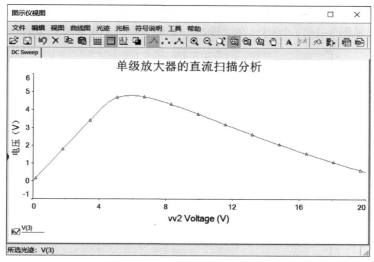

图 3-14　直流扫描分析结果

【例3-5】试对单级放大器做参数扫描分析。

1）搭建图 3-8 所示的电路。

2）对电路做参数扫描分析。

【例3-5】单级放大器的参数扫描分析

在仿真分析界面（见图 3-1）左侧列表中选择"参数扫描"后，其右侧会出现图 3-15 所示的对话框。其中，"分析选项"选项卡和"求和"选项卡采用默认设置，"输出"选项卡的设置详见图 3-9 的说明，此处不再赘述。

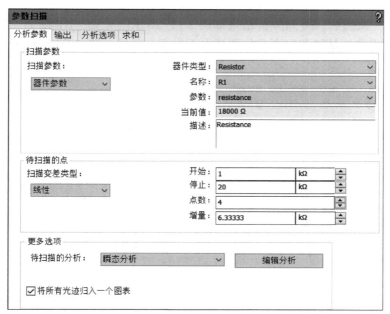

图 3-15　参数扫描分析对话框之"分析参数"选项卡

选择偏置电阻 R1 为扫描元件。设置 R1 的扫描开始值为 1 kΩ、停止值为 20 kΩ、扫描点数为 4。

选择扫描分析类型为"瞬态分析"，并在其分析参数的设置中设置分析结束时间为 0.01 s，其余采用默认设置（见图 3-16）。同时，在"输出"选项卡中选定 4 号节点为需要分析的节点。

图 3-16　参数扫描分析之瞬态分析设置

单击"Run"按钮后，得到分析结果如图 3-17 所示。可见，R1 在 1~20 kΩ 之间变化时，放大器的输出波形从饱和失真变化到基本不失真。显然，选取 R1 = 20 kΩ 比较合适。

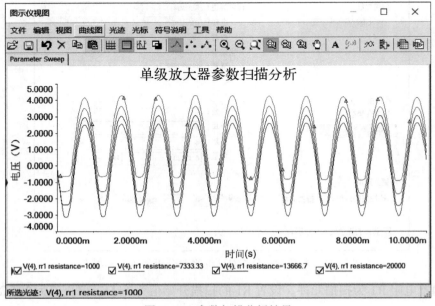

图 3-17　参数扫描分析结果

任务 3.3　电路的时域与频域特性分析

3.3.1　瞬态分析

瞬态分析用于分析电路的时域响应，其结果是电路中指定变量与时间的函数关系。在瞬态分析中，系统将直流电源视为常量，交流电源按时间函数输出，电容和电感采用储能模型。

【例 3-6】单管共射放大电路的瞬态分析。

1）搭建如图 3-8 所示的电路。

2）对电路做瞬态分析。

【例 3-6】单管共射放大电路的瞬态分析

在仿真分析界面（见图 3-1）左侧列表中选择"瞬态分析"后，其右侧的对话框如图 3-18 所示。在瞬态分析中需要重点关注的是图 3-18 所示的"分析参数"选项卡的设置，即设置分析开始的初始条件、分析开始和结束的时间等。

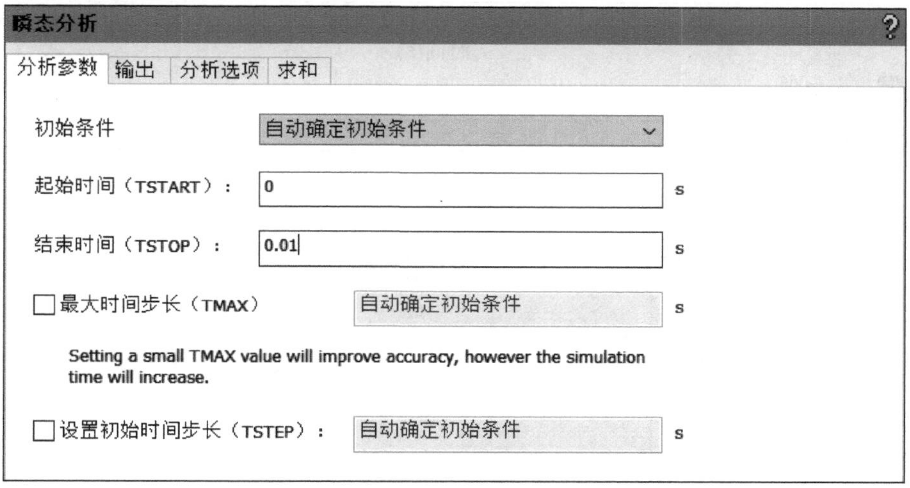

图 3-18　瞬态分析对话框之"分析参数"选项卡

设置分析时长为 0.01 s，其余全部采用系统的默认设置。同时，在"输出"选项卡上选定需要分析的节点（设置方法见直流工作点分析），本例选择 3 号和 4 号节点为分析节点。

单击"Run"按钮即可进行电路的瞬态分析，结果如图 3-19 所示。其中，上面的曲线是 3 号节点的电压波形，下面的曲线是 4 号节点的电压波形。可见，输出耦合电容 C2 将 3 号节点的静态工作点直流分量滤除后输出至负载（4 号节点）。

【例 3-7】RLC 串联电路的瞬态分析。

1）搭建电路。

【例 3-7】RLC 串联电路的瞬态分析

搭建如图 3-20 所示的 RLC 串联电路的瞬态响应实验电路。换路前，开关与地相接时，电感和电容均无初始储能，电路初始状态为零。换路后，开关与 5 V 直流电压源相接，经过暂态电容充电至 5 V、电流为零的稳态。通过调节电位器，运用示波器或瞬态分析均可演示不同电阻情况下欠阻尼和过阻尼的暂态过程。

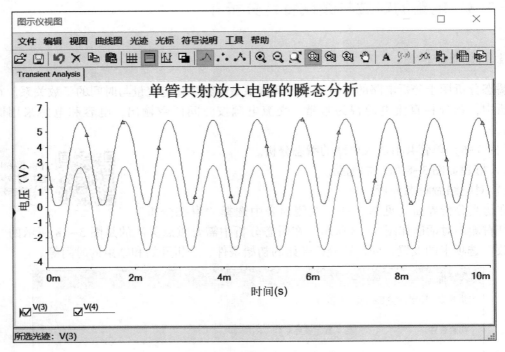

图 3-19　瞬态分析结果

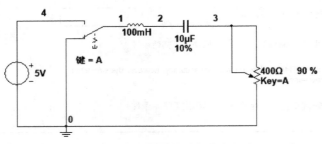

图 3-20　RLC 串联的瞬态响应电路

提示：

一个系统受初扰动后不再受外界激励，因受到阻力造成能量损失而位移峰值渐减的振动称为阻尼振动。系统的状态由阻尼率 ζ 来划分。不同系统中 ζ 的计算式不同，但意义一样。把 $\zeta=0$ 的情况称为无阻尼，即周期运动；把 $0<\zeta<1$ 的情况称为欠阻尼；把 $\zeta>1$ 的情况称为过阻尼；把 $\zeta=1$ 的情况称为临界阻尼，即阻尼的大小刚好使系统做非"周期"运动。与欠阻尼和过阻尼相比，在临界阻尼情况下，系统从运动趋近平衡所需的时间最短。

2）对电路做瞬态分析。

按图 3-21 和图 3-22 设置参数：初始状态为 0 状态、分析时长为 0.05 s、输出节点为 3 号节点，仿真分析结果如图 3-23 和图 3-24 所示。其中，图 3-23 演示了电阻为总值 10% 时的欠阻尼过程，图 3-24 演示了电阻为总值 90% 时的过阻尼过程。可见，无论是欠阻尼，还是过阻尼，暂态过程大约持续 30 ms，稳态后电容充满电荷，电流为零。

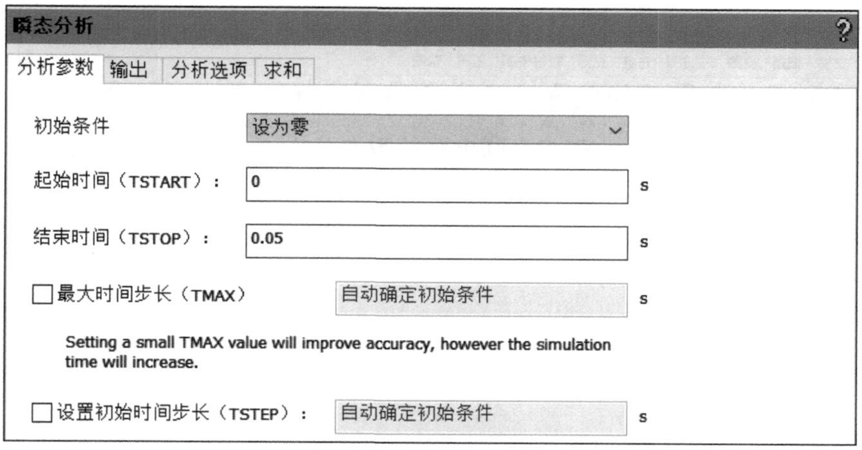

图 3-21　瞬态分析对话框之"分析参数"选项卡

图 3-22　瞬态分析对话框之"输出"选项卡

提示：

瞬态分析也可以通过交互式仿真或者直接在测试点连接示波器完成。不同的是，瞬态分析可以同时显示电路中所有节点的波形，而示波器通常只能同时显示两个节点（双通道示波器）或 4 个节点（4 通道示波器）的波形。

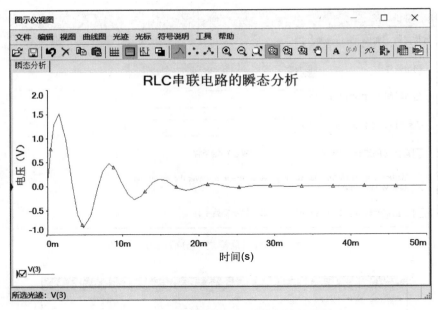

图 3-23　电阻为总值 10%时的欠阻尼过程

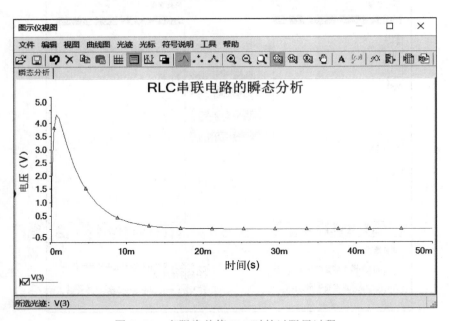

图 3-24　电阻为总值 90%时的过阻尼过程

3.3.2　交流分析

交流分析的作用是完成电路的频率响应特性分析，其分析结果是电路的幅频特性和相频特性。进行交流扫描分析时，所有直流电源将被置零，电容和电感采用交流模型，非线性元件（如二极管、晶体管、场效应晶体管等）使用交流小信号模型。无论用户在电路的输入端加入了何种信号，交流扫描分析时系统均默认电路的输入信号是正弦波，并且以用户设置的频率范围来扫描。交流扫描分析也可以通过波特图仪测量完成。

【例 3-8】试分析单管共射放大电路的频率响应特性。

1）搭建如图 3-8 所示的单管共射放大电路。

2）对电路做交流扫描分析。

【例 3-8】单管共射放大电路的频率响应特性分析

在仿真分析界面（见图 3-1）左侧列表中选择"交流分析"后，其右侧的对话框如图 3-25 所示。"输出"选项卡的设置详见图 3-9 的说明，本例选择的输出变量是 4 号节点的电压。在交流扫描分析中需要重点关注的是图 3-25 所示的"频率参数"选项卡的设置，即设置扫描的起始频率、停止频率以及扫描类型等。

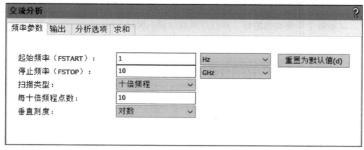

图 3-25　交流分析对话框之"频率参数"选项卡

频率参数的设置采用系统默认值，即起始频率为 1 Hz、停止频率为 10 GHz；扫描类型为十倍频程（即相邻扫描点的频率为 10 倍关系）；仿真计算点数为 10（即当扫描方式为十倍频程时，每十倍频程的取样点数为 10 个）；纵坐标选择为对数刻度。

单击"Run"按钮即可进行电路的交流扫描分析，结果如图 3-26 所示。其中，上面的曲线是电路的幅频特性，下面的曲线是电路的相频特性。

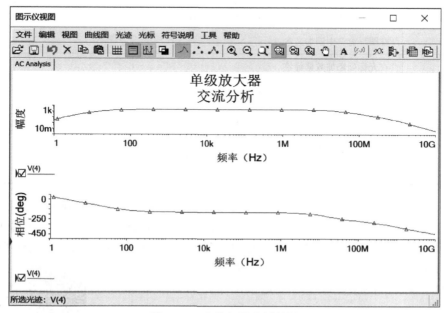

图 3-26　交流扫描分析结果

提示：

在图 3-26 所示的图示仪视图窗口中，除了图形或数表显示区外，还有 8 个菜单和相关的工具栏。其中，部分常用的命令已通过工具栏上的按钮提供，其主要功能汇总于表 3-1。其他如复制、粘贴、删除等按钮与一般 Windows 应用软件相同，此处不再赘述。

表 3-1 图示仪显示窗口部分命令按钮的功能说明

按　钮	功　能　说　明
⊞	显示或隐藏栅格线
▱	显示分析结果曲线的说明
⥮	显示两个可移动的游标，并打开其数据说明窗口
▣	黑白背景切换
⋀	以曲线形式显示所有分析结果
⋰	以数据点形式显示所有分析结果
⋀	以曲线和数据点形式显示所有分析结果
⊕	放大图像
⊖	缩小图像
⊡	自动显示完整的分析结果（曲线或数据）
⊞	在光标选定的区域内放大图像
⊞	在光标选定的区域内水平方向放大图像
⊞	在光标选定的区域内垂直方向放大图像
🖑	通过按压并移动鼠标将图像移动到新的位置
A	在图形窗口中添加文本
(x,y)	在光标处添加数据标签
⋎⋏	从最近的仿真结果中添加分析结果
🗐	选择其他仿真结果覆盖已有的分析结果
▦	将分析结果导出至 Excel 表
🖺	将分析结果保存到 .lvm 或 .tdm 的测量文件中

利用图示仪视图窗口提供的各项功能，可以方便地完成分析结果的处理、输出、保存和转换等。例如，在本例中单击按钮后，可在选中的幅频特性曲线上显示两个能用鼠标移动的游标，并同时打开一个数据说明窗口，显示两个游标对应的 X、Y 坐标及其坐标差等信息，如图 3-27 所示。当将两个游标从纵轴处移动到上、下限截止频率处时，可从游标数据说明窗口中方便地读出电路的通频带 $dx \approx$ 18.574 MHz。

【例 3-9】
RLC 串联电路的交流分析

【例 3-9】RLC 串联谐振电路的交流分析。

1）搭建如图 3-28 所示的 RLC 串联电路。

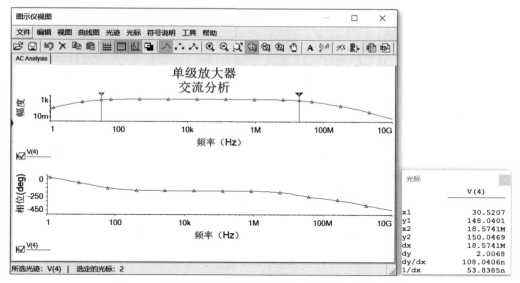

图 3-27　通过游标及其数据说明窗口测量电路的通频带

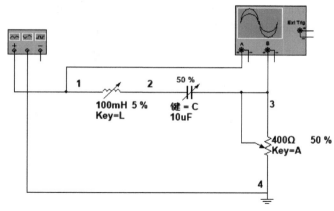

图 3-28　RLC 串联电路

2）对电路做交互式仿真分析。

在图 3-28 所示的 RLC 串联谐振电路中，设置输入信号为 1 kHz 的正弦波。按下 L 键或 C 键，取可调电感为总值的 5% 和可调电容为总值的 50% 时，输入电压与响应电流同相，此时的电路为 RLC 串联谐振电路，即电路呈纯电阻特性。

仿真结果如图 3-29 所示。仔细观察图 3-29 的谐振波形可见，输入信号为 1 kHz 的正弦波时，输入与输出信号不仅同相，而且重合，即 RLC 串联电路谐振时输入电压全部加在电阻上。这说明，谐振时电感电压与电容电压之和等于零，电阻获得了全部电压，相应地，响应电流为最大。同时，由于谐振时电压与电流同相，电路呈纯阻性，所以谐振电路的无功功率为零。

RLC 串联电路的谐振特性反映了电路对频率的选择性。当输入信号频率等于或接近电路的谐振频率时，电路的响应电流最大；反之，响应电流较小。RLC 串联电路的这种带通滤波特性可以通过波特图仪或交流扫描分析清晰地显示出来。

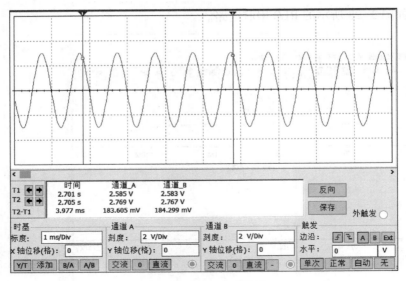

图 3-29　RLC 串联谐振

3）对电路做交流扫描分析。

选择"仿真"→"Analyses and simulation"命令，进入"交流分析"对话框，相关设置如图 3-30 和图 3-31 所示，选择节点 3 进行交流仿真分析。

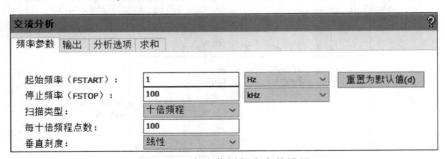

图 3-30　交流分析频率参数设置

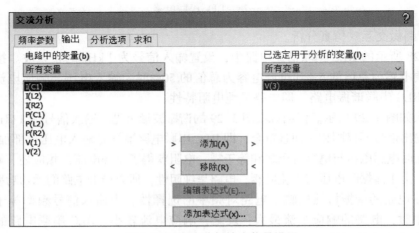

图 3-31　交流分析输出信号设置

交流仿真结果如图3-32和图3-33所示，其中，图3-32是电阻为总值的50%时RLC串联谐振电路的频率响应特性，而图3-33则是电阻为总值的5%时RLC串联谐振电路的频率响应特性。

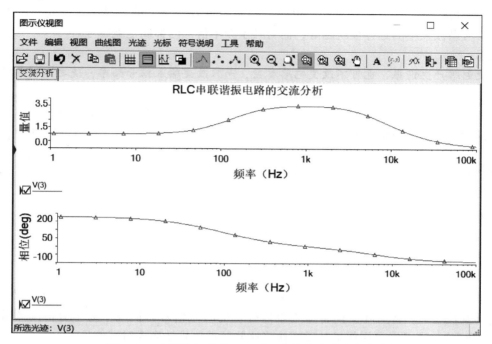

图3-32 电阻为总值的50%时，电路的交流响应曲线

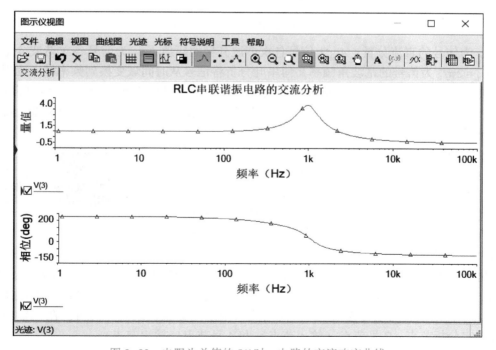

图3-33 电阻为总值的5%时，电路的交流响应曲线

从仿真幅频特性曲线结果可知频率在 1 kHz 时电阻两端电压值最大，相位与输入相同，说明电路谐振频率在 1 kHz 附近。通过计算可知，此电路的谐振频率正好为 1 kHz，故仿真结果与理论计算吻合。

由图还可以看出，电阻 R 越小，电路的品质因数 Q 越高，曲线越尖锐，对应的电路带宽越窄，对谐振频率的选择性就越好，而对其余频率信号的抑制也就越强。

提示：

为使电路产生谐振，也可不改变电路参数，而只改变输入信号频率，使之达到电路的固有频率，出现输入电压与响应电流的同相。

谐振时电感电压与电容电压之和等于零，并不是电感电压为零或电容电压为零。可以证明，谐振时电感电压与电容电压大小相等、相位相反，均为输入电压的 Q 倍。其中，Q 为电路的品质因数：$Q = \dfrac{1}{R}\sqrt{\dfrac{C}{L}}$。

任务 3.4　其他仿真分析

3.4.1　傅里叶分析

傅里叶变换和傅里叶级数可将函数变换为各基本成分的代数和的形式，是有史以来最伟大的数学发现之一。傅里叶变换将原来难以处理的时域信号转换成了易于分析的频域信号（信号的频谱），还可以利用傅里叶反变换将这些频域信号转换成时域信号。

傅里叶（Fourier）分析可将非正弦周期信号分解成直流、基波和各次谐波分量之和，即

$$f(t) = A_0 + \sum_{k=1}^{k=\infty} A_{km}\cos(k\omega_1 t + \varphi_k)$$

式中，A_0 为信号的直流分量；A_{km} 为信号各次谐波分量的幅值；φ_k 为信号各次谐波分量的初相位；$\omega_1 = 2\pi f_1$ 为信号的基波角频率。傅里叶分析将信号从时间域变换到频率域，工程上常采用长度与各次谐波幅值或初相位对应的线段，按频率高低依次排列得到信号的幅度频谱（A-ω 图）或相位频谱（φ-ω 图），直观表示各次谐波幅值或初相位与频率的关系。傅里叶分析的结果是幅度频谱和相位频谱。

【例 3-10】试分析单管共射放大电路输出信号的频谱。

【例 3-10】单管共射放大电路输出信号的频谱分析

1）搭建电路。搭建的电路如图 3-34 所示。与图 3-8 不同，此处将输入信号设置为幅度和初相位相同、频率不同的 6 个正弦信号源的串联。初始相位都为 0°、幅值同为 10 mV，6 个信号源的频率分别为 10 Hz、50 Hz、100 Hz、150 Hz、200 Hz 和 250 Hz。

2）对电路进行傅里叶分析。

在仿真分析界面（见图 3-1）左侧列表中选择"傅里叶分析"，其右侧会出现如图 3-35 所示的对话框。按图依次设置相关分析参数：基波频率设置为 10 Hz、谐波次数设置为 30，取样结束时间设置为 0.01 s，其余均采用系统的默认设置。同时，在"输出"选项卡上选定分析节点：7 号节点（输入节点）和 4 号节点（输出节点）。

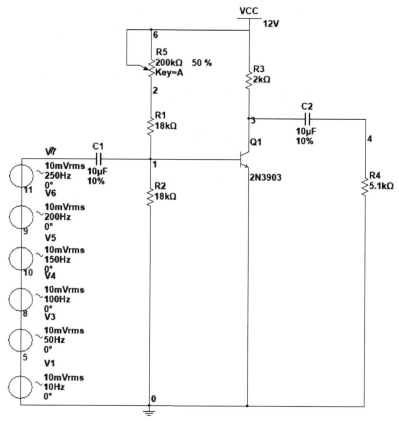

图 3-34　单管共射放大电路

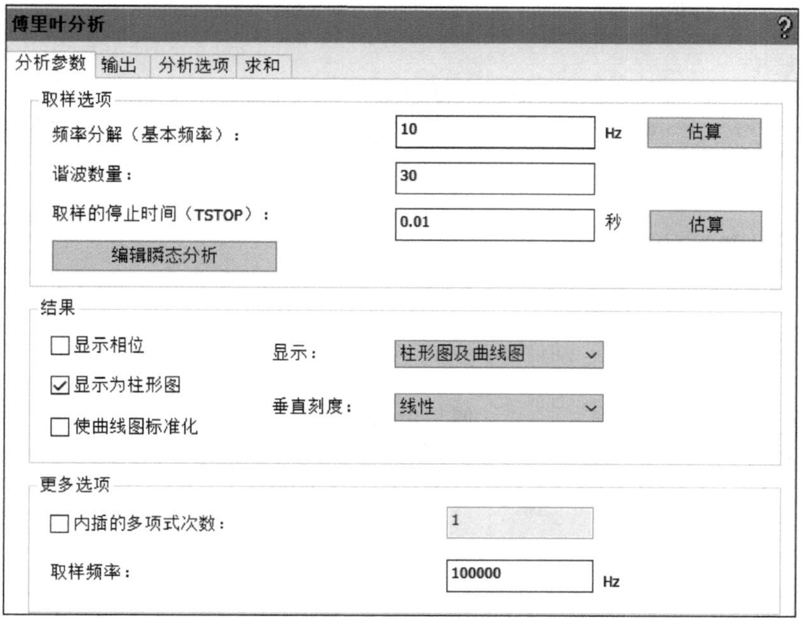

图 3-35　傅里叶分析对话框之"分析参数"选项卡

单击"Run"按钮后，分别得到图 3-36 所示的 7 号节点和图 3-37 所示的 4 号节点的傅里叶分析结果。可见，7 号节点在 10 Hz、50 Hz、100 Hz、150 Hz、200 Hz 和 250 Hz 等 6 个频点上的幅度完全一致，而其他频率上的幅值为 0；而 4 号节点在上述 6 个频点上的幅度依次增大（其他频率上的幅值也同样为 0）。这表明经过放大电路处理后，6 个输入信号中频率越低的信号其幅度衰减得越多，而频率高的信号幅度衰减少。

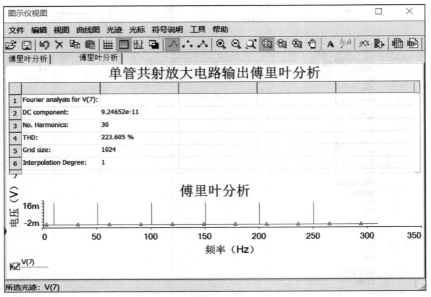

图 3-36　输入（7 号）节点的傅里叶分析结果

由此，仿真结果清楚地表明了耦合电容的高通特性，进一步验证了放大器的带通特性，这与之前的交流分析结果一致。

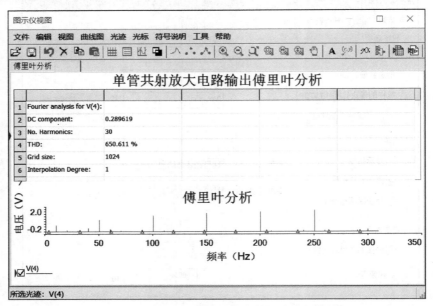

图 3-37　输出（4 号）节点的傅里叶分析结果

【例 3-11】 多谐振荡器的傅里叶分析。

1）搭建电路。关于多谐振荡器的结构和原理后面项目将详述，它是一种能产生矩形波的自激振荡器，也称矩形波发生器。"多谐"指矩形波中除了基波成分外，还含有丰富的高次谐波成分。多谐振荡器没有稳态，只有两个暂稳态。在工作时，电路的状态在这两个暂稳态之间自动地交替变换，由此产生矩形波脉冲信号，常用作脉冲信号源及时序电路中的时钟信号。

搭建的电路如图 3-38 所示，是用 555 定时器构成的多谐振荡器，振荡周期 $T = 0.7(R_1 + 2R_2)C_2$，振荡频率 $f = 1/T$，$R_1 = 5.1\,\mathrm{k\Omega}$，$R_2 = 2.2\,\mathrm{k\Omega}$，$C_2 = 2.2\,\mu\mathrm{F}$，计算出周期为 14.63 ms。

2）对电路做瞬态分析。

仿真结果如图 3-39 所示。可见，多谐振荡器输出为矩形波，其周期约为 14.5 ms、频率约为 69 Hz，与理论计算值近似相等。

3）对产生的矩形波做傅里叶分析。

矩形波含有丰富的谐波。对图 3-39 中的矩形

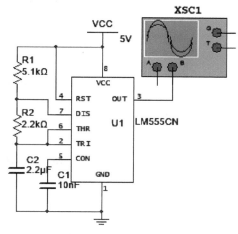

图 3-38 由 555 定时器
构成的多谐振荡器

波做傅里叶分析，结果如图 3-40 所示。可见，矩形波含有直流分量、基波分量、二次谐波等分量。由图可知，该矩形波的直流分量幅值为 3.828 V，基波 70 Hz 处的幅值为 2.138 V，二次谐波 140 Hz 处的幅值为 1.584 V，高次谐波的幅值依次减小，而非谐波频率处的幅值都为 0。

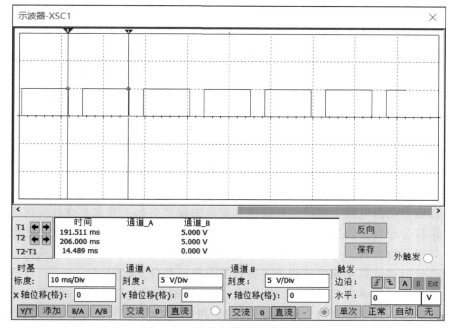

图 3-39 多谐振荡器的输出波形

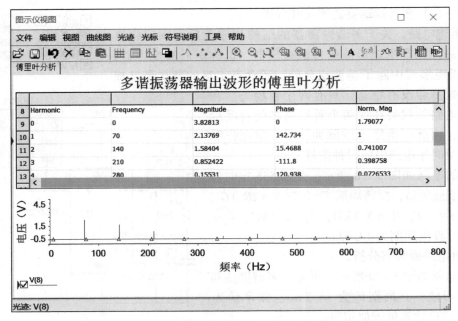

图 3-40 多谐振荡器输出波形傅里叶变换

拓展阅读

作为法国历史上非常有名的物理学家以及数学家，傅里叶成就颇丰。傅里叶在 1807 年研究热传导问题的时候就提出了傅里叶变换。1822 年他将傅里叶变换扩充成为一本书《热的解析理论》，该书成为数学史乃至科学史上公认的一部划时代的经典著作。

傅里叶的创造性工作为偏微分方程的边值问题提供了基本的求解方法——傅里叶级数法，从而极大地推动了微分方程理论的发展，特别是数学物理等应用数学的发展；其次，傅里叶级数拓广了函数概念，从而极大地推动了函数论的研究，其影响还扩及纯粹数学的其他领域。如今，傅里叶关于级数的发现，在很多领域中都发挥着重要的作用，尤其是在信号处理领域，在处理各种信号的干扰方面，起着越来越大的作用。

3.4.2 失真分析

一个性能良好的线性放大器可以放大输入信号，而在输出端不会产生信号失真。实际应用中，信号中常有虚假信号成分，它们以谐波或互调失真的形式加到信号中，这可由失真分析加以甄别。

信号失真通常是由电路中增益的非线性和相位的偏移引起，通常非线性失真会导致谐波失真、相位偏移会导致互调失真。Multisim 软件可对模拟小信号电路的谐波失真和互调失真进行仿真。对于谐波失真，分析的是第二和第三谐波下的节点电压和分支电流值；而对于互调失真，失真分析将计算互调生成频率下各点节点电压和分支电流值。

若电路中有一个频率为 F1 的交流信号源，该分析能确定电路中每一个节点的二次谐波和三次谐波的响应；若电路有两个频率分别为 F1 和 F2 的交流信号源时，该分析能确定电路变量在三个不同频率处的幅值：F1+F2 处的幅值、F1-F2 处的幅值以及 2F1-F2 处的幅值。

【例 3-12】试对单级放大器进行失真分析。

1）搭建图 3-8 所示的电路。

2）对电路进行失真分析。

首先需对交通信号源按图 3-41 所示进行参数设置。然后在仿真分析界面（见图 3-1）左侧列表中选择"失真分析"项，即可在右侧显示失真分析仿真参数设置，如图 3-42 所示。由于只有一个交流信号源，所以不选择 F2/F1 的比值项，其余参数设置全部采用系统的默认值。同时，确定 4 号节点为需要分析的节点。

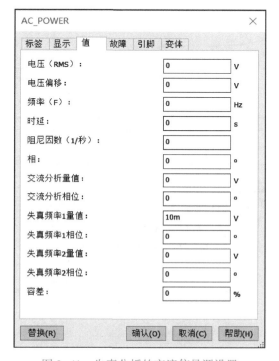

图 3-41　失真分析的交流信号源设置

单击"Run"按钮后，得到的失真分析结果如图 3-43 和图 3-44 所示。其中，上、下两条曲线分别是 4 号节点上谐波的失真幅频响应曲线和相频响应曲线。

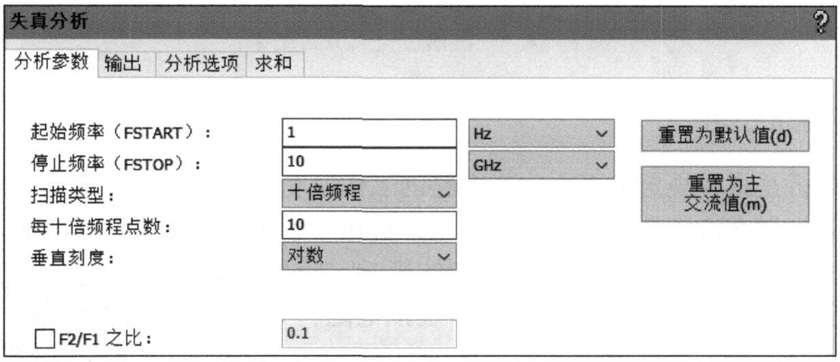

图 3-42　失真分析之"分析参数"选项卡设置

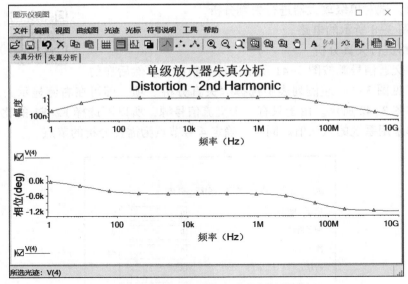

图 3-43　二次谐波失真分析结果

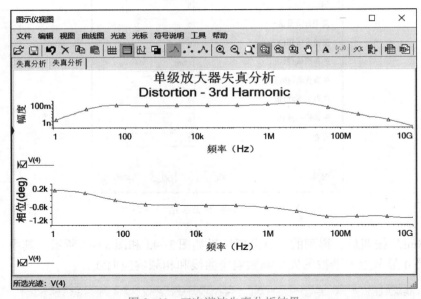

图 3-44　三次谐波失真分析结果

3.4.3　温度扫描分析

　　温度扫描分析是指在规定范围内改变电路的工作温度，对电路的指定节点进行直流工作点分析、瞬态分析和交流频率特性等分析。该分析相当于在不同的工作温度下多次仿真电路性能，可用于快速检测温度变化对电路性能的影响。需要注意的是，温度扫描分析只适用于半导体元器件和虚拟电阻，并不对所有元器件有效。

　　【例 3-13】对单级放大电路进行温度扫描分析。

【例 3-13】
单级放大电路
的温度扫描
分析

1）搭建图 3-8 所示的电路。

2）对电路进行温度扫描分析。

在仿真分析界面（见图 3-1）左侧列表中选择"温度扫描"后，其右侧会出现如图 3-45 所示的对话框。

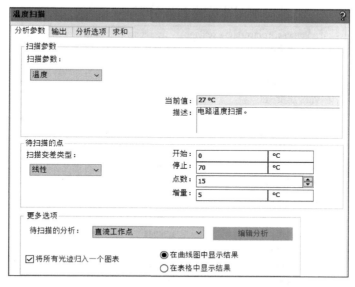

图 3-45　温度扫描分析的参数设置

分析参数设置：开始温度为 0℃、停止温度为 70℃、扫描点数为 15 个，扫描的分析类型为直流工作点。设置 3 号节点为需要展示的节点。

单击"Run"按钮后，得到的分析结果分别如图 3-46 和图 3-47 所示。其中，图 3-46 为在进行静态工作点分析时以曲线方式显示分析结果，而图 3-47 为在进行静态工作点分析时以列表方式显示分析结果。

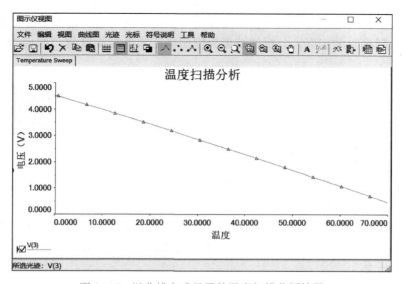

图 3-46　以曲线方式显示的温度扫描分析结果

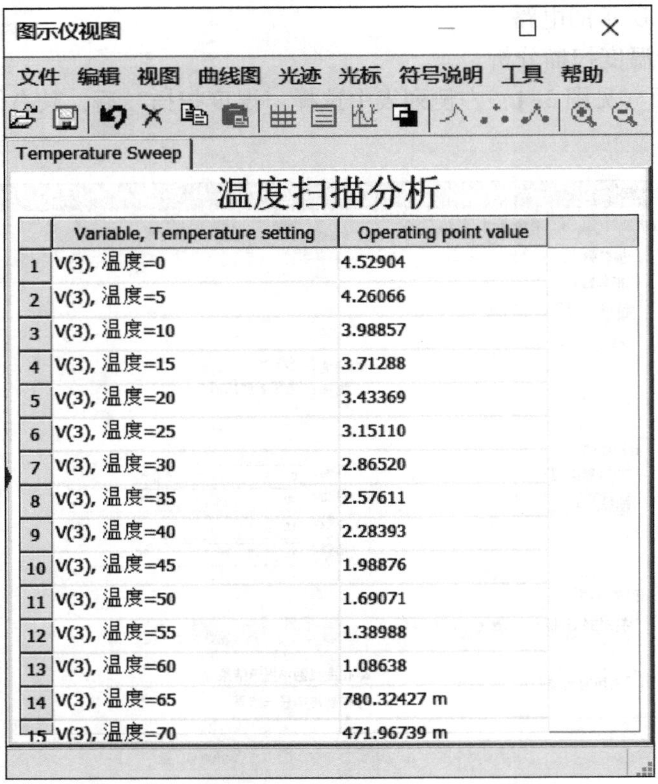

图 3-47 以列表方式显示的温度扫描分析结果

由仿真结果可知，当温度在 0~70℃ 变化时，放大电路集电极的直流工作点电位随温度升高而下降，与晶体管温度特性中集电极电流随温度升高而升高的理论分析结果一致。

3.4.4 单频交流分析

单频交流分析能给出电路在某一频率交流信号激励下的响应，相当于在交流扫描分析中分析电路对某一频率时的响应，分析的结果为输出电压或电流相量的"幅值/相位"或"实部/虚部"。

【例 3-14】试对单级放大电路做单频交流分析。

1）搭建如图 3-48 所示的电路。

2）对电路做单频扫描分析。

交流信号源的设置如图 3-49 所示，设置信号源交流分析量值为 10 mV、频率为 1 kHz。

【例 3-14】单级放大电路的单频交流分析

在仿真分析界面（见图 3-1）左侧列表中选择"单频交流分析"后，其右侧会出现图 3-50 所示的对话框，需在其中指定仿真频率和要展示信号的格式。

仿真结果如图 3-51 所示。可见，节点 8 和 4 电压为 817 mV，在 1000 Hz 时电路电压放大倍数为 -81.7 倍、相位差为 -172°（接近 -180°），说明输入、输出近似反相，与单管共射放大电路的特点一致。

VCC
5.0V
VCC
R1
5.1kΩ
R2
51kΩ
C2
10μF
C1
10μF
Q1
2SC1815
R5
3.9kΩ
V1
10mVrms
1kHz
0°
R3
15kΩ
R4
2kΩ
C3
47μF
7
1
8
4
10
0

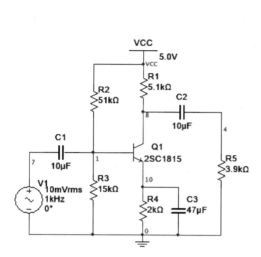

图 3-48 工作点稳定的共射极放大电路

AC_VOLTAGE
标签 显示 值 故障 引脚 变体
电压（Pk）： 0 V
电压偏移： 0 V
频率（F）： 1k Hz
时延： 0 s
阻尼因数（1/秒）： 0
相： 0 °
交流分析量值： 10m V
交流分析相位： 0 °
失真频率1量值： 0 V
失真频率1相位： 0 °
失真频率2量值： 0 V
失真频率2相位： 0 °
容差： 0 %
替换(R) 确认(O) 取消(C) 帮助(H)

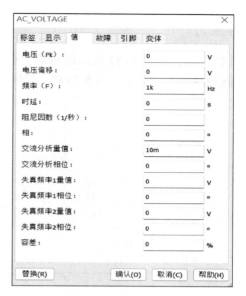

图 3-49 信号源设置

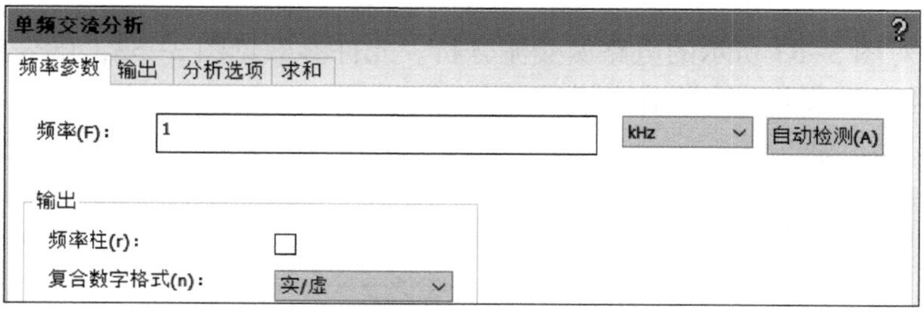

单频交流分析
频率参数 输出 分析选项 求和
频率(F)： 1 kHz 自动检测(A)
输出
频率柱(r)：
复合数字格式(n)： 实/虚

图 3-50 单频交流分析参数设置

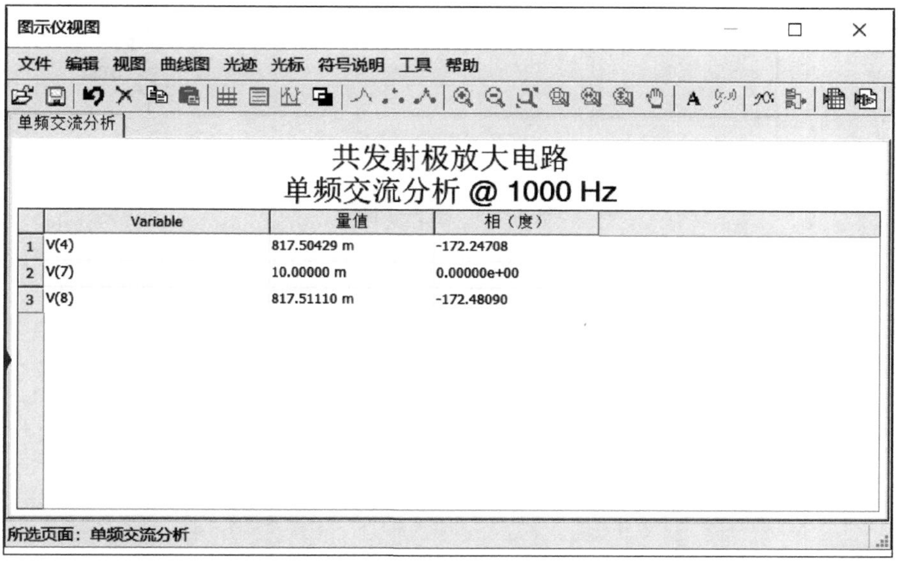

图示仪视图
文件 编辑 视图 曲线图 光迹 光标 符号说明 工具 帮助
单频交流分析
共发射极放大电路
单频交流分析 @ 1000 Hz
Variable 量值 相（度）
1 V(4) 817.50429 m -172.24708
2 V(7) 10.00000 m 0.00000e+00
3 V(8) 817.51110 m -172.48090
所选页面：单频交流分析

图 3-51 单频交流分析结果

课后练习

【练 3-1】 对图 3-52 所示的电路，分别做直流工作点分析、瞬态分析、直流扫描分析和参数扫描分析。其中，参数扫描分析的对象为电阻 R1。

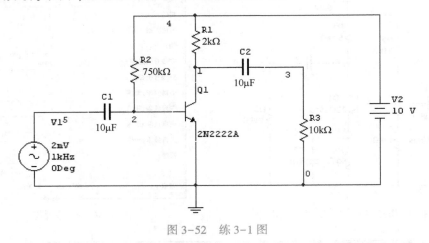

图 3-52　练 3-1 图

【练 3-2】 对图 3-53 所示的电路做交流分析。元件参数见图 3-53，试分析电路的幅频特性和相频特性，并求出电路的谐振频率。

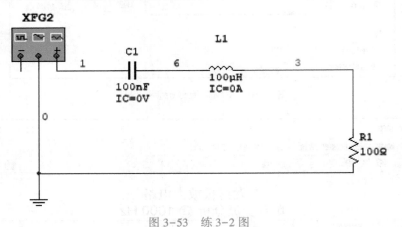

图 3-53　练 3-2 图

项目 4　基本放大单元电路的仿真

项目描述

在许多的应用场合，来自信号源的电信号常常要经过放大才可以使用，例如传声器的输出、地面接收到的卫星广播信号及医学心电检查（EKG）中的心肌电信号等，这些信号的共同特征是信号微弱，属于小信号，不能直接驱动负载。

放大电路是一种能将电信号进行线性放大的装置。信号经过放大，负载上可获得与信号源成比例且大于信号源的电压或电流信号，甚至是放大的功率信号（电压与电流的乘积），以达到驱动负载工作的目的。从能量的角度看，放大的本质是能量的控制和转换，即在输入信号的作用下，通过放大电路将直流电源提供的能量转换成负载所需的能量。放大电路的核心元器件是晶体管，利用晶体管的电流控制功能，可实现对微弱信号的放大。

本项目介绍由双极型晶体管构成的基本放大电路、有源负载放大电路以及差分放大电路的工作原理。基于 EDA 软件，重点分析各基本放大单元电路的主要性能指标。

任务 4.1　共射极放大电路仿真

用晶体管构成基本放大电路时，根据晶体管三个引脚中哪一个作为输入与输出信号的公共端，可以分为共射极、共集电极、共基极三种组态的基本放大电路。三种组态的放大电路各有特性，详见表 4-1。

表 4-1　三种组态放大电路的特性比较

	共射极电路	共集电极电路	共基极电路
电路图			
电压增益	$A_u = -\dfrac{\beta R_L'}{r_{be} + (1+\beta) R_e}$ $(R_L' = R_c // R_L)$	$A_u = \dfrac{(1+\beta) R_L'}{r_{be} + (1+\beta) R_L'}$ $(R_L' = R_e // R_L)$	$A_u = \dfrac{\beta R_L'}{r_{be}}$ $(R_L' = R_e // R_L)$
u_o 与 u_i 的相位关系	反相	同相	同相
最大电流增益	$A_i \approx \beta$	$A_i \approx 1+\beta$	$A_i \approx \alpha$

（续）

	共射极电路	共集电极电路	共基极电路
输入电阻	$R_i = R_{b1} // R_{b2} //$ $[r_{be} + (1+\beta) R_e]$	$R_i = R_b //$ $[r_{be} + (1+\beta) R'_L]$	$R_i = R_e // \dfrac{r_{be}}{1+\beta}$
输出电阻	$R_o \approx R_c$	$R_o = \dfrac{r_{be} + R'_s}{1+\beta} // R_e$ $(R'_s = R_s // R_b)$	$R_o \approx R_c$
用途	多级放大电路的中间级	输入级、中间级、输出级	高频或宽频带电路

从放大的参数看，共射极电路既能放大电压又能放大电流；共集电极电路只能放大电流不能放大电压，即它具有电压跟随的特性；共基极电路只能放大电压不能放大电流。从放大电路的输入电阻看，共集电极电路输入电阻最大，共射极电路次之，共基极电路输入电阻最小。从输出电阻看，共射极和共基极电路输出电阻较大，共集电极电路输出电阻最小；另外，共基极电路是高频特性最好的电路。

在设计放大电路时，需要考虑放大电路的放大倍数、输入电阻、输出电阻等性能是否满足设计要求。从三种组态的特点可知，单一的放大电路往往不能满足要求，这就需要选用不同组态的放大电路进行级联构成多级放大电路。通常采用输入电阻大、抑制干扰能力强的共集–共基差动放大电路作为输入级，共射极放大电路作为中间级，输出电阻小、带负载能力强的互补对称共集放大电路作为输出级。

下面以共发射极放大电路为例，利用 EDA 工具说明其工作原理和性能参数。

图 4-1 所示为一典型基极分压式共射极放大电路，电路中实现能量控制与转换的器件是晶体管 Q1，其核心功能在于实现电流的放大。当晶体管工作在放大状态时，集电极（Q1 与节点 3 连接的引脚）电流是基极（Q1 与节点 2 连接的引脚）电流的 β 倍，β 称为电流放大倍数。

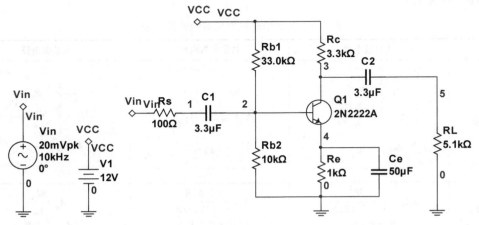

图 4-1　基极分压式共射极放大电路

电容 C1、C2 是耦合电容，Ce 是旁路电容，它们对交流信号相当于短路。电阻 Rs 是信号源等效内阻，电阻 Rb1、Rb2、Rc、Re 是偏置电阻，用于设置晶体管的静态工作点，以保证晶体管工作在放大状态。同时 Re 作为负反馈电阻，用于稳定电路的静态工作点。RL 是负载电阻，它与电阻 Rc 一起将集电极电流的变化转换为电压的变化。

Vin 是输入信号，经耦合电容 C1 加在晶体管基极与发射极之间的输入回路中；输出信号电压经负载电阻 RL 取出，由于发射极是输入回路和输出回路的公共端，因此这种电路称为共发射极放大电路。

基本共射放大电路是构成组合放大电路、多级放大电路、差分放大电路及运算放大器的基础，本节分析放大电路的静态工作点以及主要的性能指标，使读者加深对放大电路原理及设计方法的理解。

4.1.1　放大倍数仿真

放大电路在工作时，交流、直流是共存的，交流信号叠加在直流电量上，在分析或设计晶体管放大电路时，应该先确定直流电量，后分析交流性能。分析电路的直流量就是分析电路的静态，通常人们比较关心静态时晶体管各电极的直流电流和直流电压，这些电流、电压的数值可用晶体管输入、输出特性曲线上的一个确定的点来表示，称之为静态工作点。

合适的静态工作点不仅能保证晶体管始终工作在放大区域，从而不失真放大输入信号，同时还可获得较大的动态范围，以提高晶体管的使用效率。另外，静态工作点也决定了交流频率分析时晶体管的小信号模型。因此，在分析基本放大电路时，应首先分析其静态工作点。

【例4-1】基极分压式偏置共射极放大电路-静态工作点分析

【例4-1】分析基极分压式偏置共射极放大电路的静态工作点。

1）搭建测试电路。搭建如图4-1所示的基极分压式偏置共射极放大电路，电路中各元器件参数及所在位置汇总于表4-2，这里使用 2N2222A 晶体管。

表4-2　共射极放大电路所用元器件的参数及所在位置汇总

元器件标号及标称值	组（Group）	系列（Family）
Rs—100 Rb1—33k Rb2—10k Rc—3.3k Re—1k RL—5.1k	Basic	RESISTOR
Vin—AC_VOLTAGE	Sources	SIGNAL_VOLTAGE_SOURCES
V1—DC_POWER GROUND	Sources	POWER_SOURCES
C1—3.3μF C2—3.3μF Ce—50μF	Basic	CAPACITOR
Q1—2N2222A	Transistors	BJT_NPN

2）对电路进行静态工作点分析。

Multisim 软件中提供了直流工作点分析（DC operating point analysis）的功能，可方便地进行放大电路静态工作点的分析。在进行直流分析时，电路中电容视为开路，电感视为短路，交流电源自动设为 0，数字器件视为一个连接到地的大电阻来处理。具体分析步骤如下。

① 直流电源参数和网络名称设置。

双击直流电源（AC_VOLTAGE）元器件 V1，弹出图 4-2 所示元器件属性设置对话框，在"值"选项卡中设置"电压（V）"为 12 V。

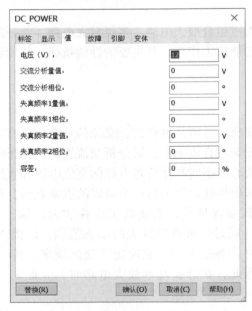

图 4-2　直流电源参数设置

为快速定位电路中的各网络节点，以方便在仿真分析中设置要分析的变量，需要将电路中各节点的网络名称显示出来，方法是：选择菜单"选项"→"电路图属性"命令，弹出图 4-3 所示的"电路图属性"对话框，在"电路图可见性"选项卡里的"网络名称"一栏，选择"全部显示"，单击"确认"按钮完成设置。

图 4-3　网络名称显示设置

② 仿真参数设置。

选择菜单"仿真"→"Analyses and Simulation"命令，打开图 4-4 所示的"Analyses and Simulation"仿真设置对话框，在对话框左边的列表框选择"直流工作点"，在对话框右侧区域的"输出"选项卡→"电路中的变量"下拉列表中选择"器件/模型参数"，找到晶体管的基极电流 I(Q1[IB])，单击"添加"按钮，将其加入到右侧"已选定用于分析的变量"列表中，以同样的方法将变量集电极电流 I(Q1[IC])添加到"已选定用于分析的变量"列表。

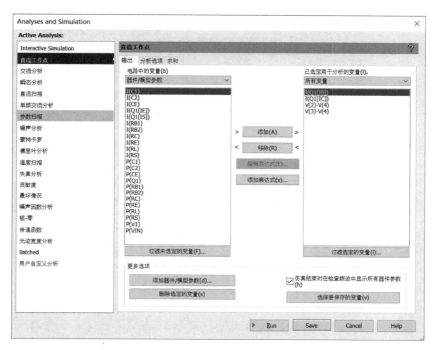

图 4-4　直流工作点参数设置

在"电路中的变量"列表中没有要分析的基极-发射极电压变量、集电极-发射极电压变量，这时可通过添加表达式的方式把一个或几个网络节点变量的运算结果作为一个新的变量来进行分析，其方法如下。

在图 4-4 中单击"添加表达式"按钮，弹出图 4-5 所示的"分析表达式"对话框，从"变量"一栏选择表达式中要用到的变量，从"函数"一栏选择函数运算符，双击变量或运算符可将其复制到表达式编辑框中，也可直接在表达式编辑框中输入待分析的表达式。这里分别添加表达式 V(2)-V(4)、V(3)-V(4) 到待分析变量中，它们分别表示基极-发射极电压、集电极-发射极电压，添加完成后返回"Analyses and Simulation"对话框，单击"Save"按钮。

③ 直流工作点仿真。

选择菜单"仿真"→"运行"，或直接单击工具栏"运行"按钮 ▸，启动仿真。完成计算后弹出图 4-6 所示的"图示仪视图"仿真结果窗口。仿真结果显示：$V_{BEQ} = V(2) - V(4) = 0.647\,V$，$V_{CEQ} = V(3) - V(4) = 3.314\,V$，$I_{BQ} = 14.626\,\mu A$，$I_{CQ} = 2.017\,mA$。

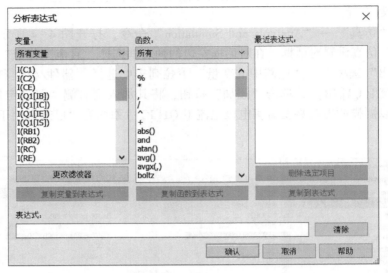

图 4-5 "分析表达式"对话框

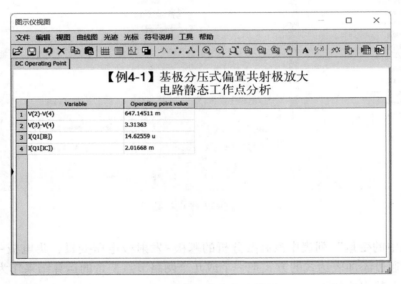

图 4-6 直流工作点仿真结果

由仿真结果可知。

- 静态时基极-发射极间电压约等于晶体管的导通电压（在估算时一般认为基极-发射极间电压近似为 0.7 V）。

- 集电极-发射极间电压明显大于集电极-发射极间饱和电压 0.3 V。

- 晶体管集电极电流明显大于基极电流，且电流放大倍数 $\beta = I_{CQ}/I_{BQ} = 2.017$ mA/14.626 μA ≈ 137.9。

- 还可判断出晶体管 Q1 满足发射结正偏、集电结反偏的条件，因此该放大电路中晶体管 Q1 工作于放大状态。

提示：

在绘制电路原理图时使用了"在页连接器（on-page connector）"，用以建立同一设计、同一页面中两个或多个网络节点的虚拟连接，例如图 4-1 所示电路中信号源的输出端与放大电路的输入端就通过两个相同名称的在页连接器 Vin 建立了电气连接。

进行复杂电路的设计时，在页连接器的使用可使电路图更直观，便于阅读。使用在页连接器连接图 4-1 所示放大电路中交流信号源和放大电路输入端的步骤如下。

1）选择菜单"绘制"→"连接器"→"在页连接器"命令，鼠标指针会黏附一个◊符号，在图纸上单击，弹出"在页连接器"对话框，如图 4-7 所示。在"连接器名称"文本框中输入"Vin"，单击"确认"按钮，将页连接器放置在合适位置，然后将连接器与交流信号源（AC_VOLTAGE）用导线连接。

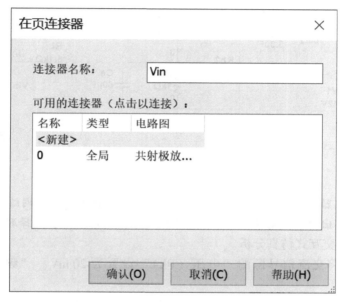

图 4-7　"在页连接器"对话框

2）按同样的方法再绘制一个在页连接器，在"在页连接器"对话框中，从"可用的连接器"里选择当前电路中需要进行连接的连接器，这里选择刚刚已经放置的 Vin 连接器。完成后再用导线将刚放置的连接器与放大电路输入端进行连接。这样，通过放置两个同名的在页连接器，实现了交流信号源与放大电路输入端的电气连接。

【例 4-2】分析基极分压式偏置共射极放大电路的放大倍数。

1）电路放大倍数释义。

放大倍数是直接衡量放大电路放大能力的重要参数指标，其定义为放大电路输出量与输入量之比。在小功率放大电路中，人们常常只关心电路单一指标的放大倍数，如电压放大倍数，而不研究其功率放大能力。根据定义，电压放大倍数可表示为

$$A_u = U_o / U_i$$

放大倍数 A_u 是一个复数量，它包括幅值信息和相位信息。在后面的叙述中，没有特别强调时，电压放大倍数仅指输出电压的振幅与输入电压的振幅之比（或者输出电压与输入

电压的有效值之比）。实际测量电压放大倍数时，必须以输出电压没有波形失真为前提，只有不失真放大，测得的数据才有意义。

2）绘制如图 4-8 所示的电路，在电路中添加用于交互式仿真的示波器。

在 Multisim 14.2 软件中选择菜单"仿真"→"仪器"→"示波器"命令，将示波器放置到电路原理图中（或直接在虚拟仪器工具栏中，单击图标 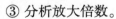 放置示波器），并连接放大电路输入端 Vin 至示波器 A 通道，放大电路输出端 out 至示波器 B 通道。

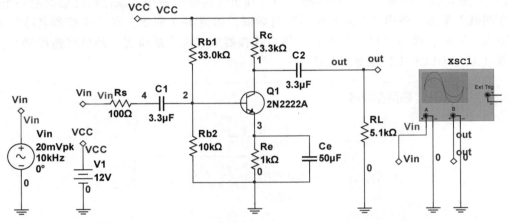

图 4-8　放置示波器至放大电路

提示：

为了能区分示波器展示波形中的输入和输出信号，特修改其对应的网络为不同颜色。双击待修改的导线，在弹出的网络属性对话框中，找到"网络颜色"项，选择颜色即可完成修改。

3）对电路进行交互式仿真分析。

① 仿真设置。将交流信号源的"电压（Pk）"设置为 20 mV、"频率（F）"设置为 10 kHz。

选择菜单"仿真"→"Analyses and Simulation"命令，打开"Analyses and Simulation"仿真设置对话框，选择"Interactive Simulation"（交互式仿真），参数采用默认即可，单击"Save"按钮，回到原理图界面。

② 运行交互式仿真。

单击工具栏"运行"按钮，启动仿真。双击示波器，打开示波器显示对话框，如图 4-9 所示。可以发现仿真波形较密，且信号纵向显示尺度较小。为便于观察波形，按照图 4-9 所示设置示波器显示的时基标度、通道 A 和通道 B 的刻度。另外，示波器显示背景默认为黑色，单击面板"反向"按钮即可切换为白色背景。

从仿真波形可知，放大电路可以不失真地放大输入信号，在此基础上可以进行放大倍数的分析。若波形存在失真，则需要考虑重新设置静态工作点或调整设计电路。

【例 4-2】基极分压式偏置共射极放大电路的放大倍数分析-使用示波器

③ 分析放大倍数。

在交互式仿真中，提供以下三种方法分析放大倍数。

● 使用示波器测量计算放大倍数。

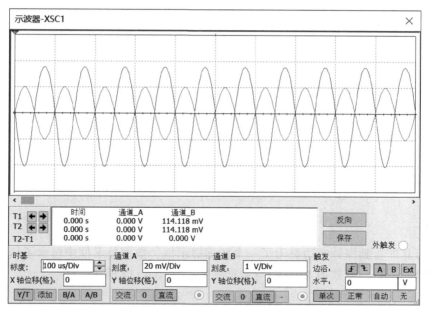

图 4-9　示波器面板显示的波形

以测量输出信号的峰-峰值为例，在图 4-9 所示的示波器面板中，将光标移至波形区，右击，从快捷菜单中选择"选择光迹"，弹出图 4-10 所示的"选择光迹"对话框，在"光迹"下拉列表中选择"通道 B"，则波形图的两个光标自动与通道 B 对应的光迹关联，且光标与对应光迹的交点有小圆圈作标记。拖动光标 1 使光标与光迹的交点在某个峰值（最大值）的左侧附近，右击，从快捷菜单中选择"Go to next YMAX =>"，如图 4-11a 所示，光标自动定位到右侧最近的 Y 值最大值点，光标完成定位如图 4-11b 所示。接下来从示波器面板的光标指示栏读出此时光标定位的数据为 $Y_{max} = 1.766\,\text{V}$，以同样方法测量得到输出信号波谷值 $Y_{min} = -2.044\,\text{V}$，那么输出信号振幅 $U_{om} = (Y_{max} - Y_{min})/2 = 1.905\,\text{V}$，可计算出放大倍数为

$$|A_u| = |U_{om}/U_{im}| = 1.905\,\text{V}/20\,\text{mV} \approx 95$$

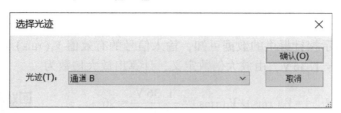

图 4-10　在示波器中选择相应通道的光迹

● 使用电压探针测量计算放大倍数。

在图 4-8 所示的电路原理图中，运行交互式仿真，确定输出电压不失真后，可放置探针观察输入和输出节点的瞬时电压和峰-峰值等参数。选择菜单"绘制"→"Probe"→"Voltage"命令，放置电压探针至交流信号源的 Vin 节点，放置另一个电压探针至负载 RL 上的 out 节点。放

【例4-2】基极分压式偏置共射极放大电路的放大倍数分析-使用电压探针

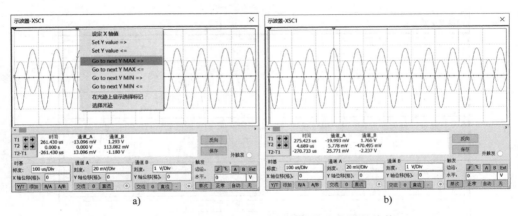

图 4-11　在示波器中利用光标定位输出信号的峰值

置好探针便可立即看到探针旁边黏附了一个数据显示框，数据显示框中包含了信号的瞬时值 V、峰-峰值 V(p-p)、有效值 V(rms)等数据参数，如图 4-12 所示。

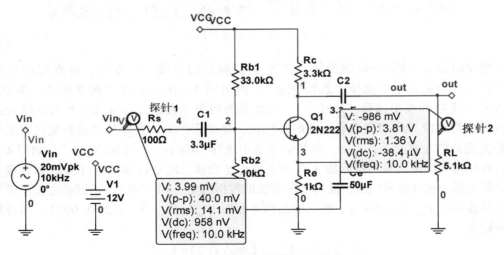

图 4-12　放置探针测量信号有效值

根据图 4-12 所示探针提供的数据可知，输入信号的有效值 $V_i(\text{rms}) = 14.1\ \text{mV}$，输出信号的有效值 $V_o(\text{rms}) = 1.36\ \text{V}$，由放大倍数定义，计算出放大倍数为

$$|A_u| = |U_{om}/U_{im}| = V_o(\text{rms})/V_i(\text{rms}) = \frac{1.36\ \text{V}}{14.1\ \text{mV}} \approx 96$$

【例4-2】基极分压式偏置共射极放大电路的放大倍数分析-使用万用表

- 使用万用表测量计算放大倍数。

先停止仿真，在工作区选择菜单"仿真"→"仪器"→"万用表"命令，放置两个万用表用以测量输入和输出信号的有效值，如图 4-13 所示。启动交互式仿真，双击万用表打开图 4-14 所示显示面板，在面板中选择 V 和 ～ 按钮，便可在面板中分别读出信号的有效值分别为 14.142 mV、1.357 V，同样可计算出放大倍数为 96。

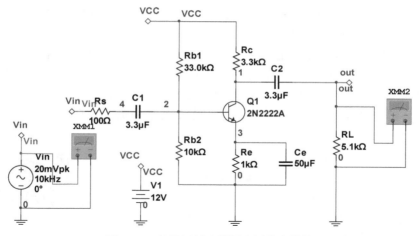

图4-13　放置万用表测量电压的有效值

图4-14　万用表显示面板

4.1.2　输入电阻与输出电阻仿真

对于信号源而言，放大电路可以看作信号源的负载，这个负载的大小可用放大电路的输入电阻来表征，其定义为放大电路的端口电压除以端口电流，即从放大电路输入端看进去的等效电阻为

$$R_i = U_i / I_i$$

输入电阻是针对交流信号而言的，它反映了放大电路从信号源索取信号的能力。在放大电路中，对于电压信号源，输入电阻越大，则放大电路输入端口得到的实际电压信号越大；对于电流信号源，输入电阻越小，则放大器输入端口得到的实际电流信号越大。

对于负载而言，放大电路可以看作负载的信号源，而这个信号源的内阻便是放大电路的输出电阻，其定义为从放大电路的输出端往放大电路的方向看进去呈现在输出端口的等效电阻，它等于移开负载后，给放大电路输出端施加一个测试电压 U_t 时，输出端口的测试电压 U_t 除以这个电压引起的端口电流 I_t。

输出电阻的大小影响放大电路的带负载能力，因此输出电阻是一个与负载无关的参数。所谓带负载能力，是指放大电路输出量随负载变化的程度，当负载变化时，输出量很稳定或变化很小，则表明放大电路带负载能力强，反之若输出量变化较大，则表明带负载能力弱。

对于输出量为电压信号的放大电路，输出电阻越小，负载对输出电压的影响越小（电阻串联分压原理），其带负载能力越强。

事实上，输出电阻与信号源内阻有关，信号源内阻的大小会影响输出电阻的大小。在实际测量输出电阻时，应当先将放大电路的独立电压源短路、独立电流源开路，保留信号源内阻，然后移开负载，给输出端口施以电压并测量其端口电流再进行计算。

【例 4-3】 试分析基极分压式偏置共射极放大电路的输入电阻。设输入信号频率为 10 kHz、振幅为 20 mV。

1）绘制电路，放置电流探针。

基于图 4-1 所示的放大电路，在 Multisim 14.2 软件的探针工具栏单击 图标，放置电流探针至放大电路 Vin 输入端，注意电流探针方向为电流流入放大电路输入端。单击 图标，再放置一个电压探针至放大电路 Vin 输入端。

【例 4-3】基极分压式偏置共射极放大电路的输入电阻分析

2）对电路进行交互式仿真。

启动交互式仿真，测量端口数据，计算输入电阻，如图 4-15 所示。记录两个探针的数据框中相应电压或电流的有效值。观察探针数据可得，$I(\text{rms}) = 7.71\ \mu\text{A}$，$V(\text{rms}) = 14.1\ \text{mV}$，则放大电路输入电阻为

$$R_i = V_i / I_i = \frac{V(\text{rms})}{I(\text{rms})} = \frac{14.1\ \text{mV}}{7.71\ \mu\text{A}} \approx 1829\ \Omega$$

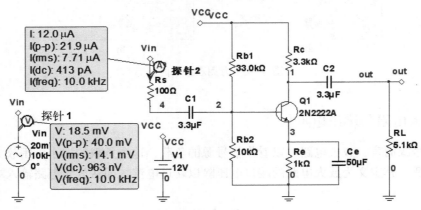

图 4-15　放大电路输入电阻测试

值得注意的是，输入电阻是信号源频率的函数，这里是在输入信号频率为 10 kHz 的条件下测得的输入电阻。如果希望知道输入电阻随频率的分布情况，则应当采用交流扫描（AC Sweep）的方式进行分析，后面的章节将对此做介绍。

【例 4-4】 试分析基极分压式偏置共射极放大电路的输出电阻。设输入信号频率为 10 kHz、振幅为 20 mV。

1）搭建图 4-16 所示输出电阻测试电路。

【例 4-4】基极分压式偏置共射极放大电路的输出电阻分析

电路中使用的元器件除了包含表 4-2 列出的不含负载 RL 的元器件外，还使用了伏特计、电流计指示器以及外加测试电压源，其所在的元器件库汇总于表 4-3。

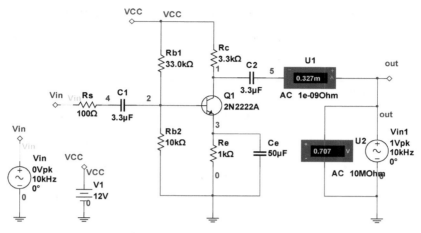

图 4-16　放大电路输出电阻测试

表 4-3　共射极放大电路输出电阻测试电路新增元器件的参数及所在位置

元器件标号及标称值	组（Group）	系列（Family）	备　注
Vin1-AC_VOLTAGE	Sources	SIGNAL_VOLTAGE_SOURCES	
U1-VOLTMETER_V	Indicators	VOLTMETER	
U1-AMMETER_HR	Indicators	AMMETER	

2）设置激励源、测试电压源和指示器参数。

前面已述及，测量输出电阻时，应先将电路中所有独立电源作置零处理，再外加测试电压进行测量。这里将放大电路输入端的激励电压源 Vin 作短路处理，设置其电压（Pk）值为 0，如图 4-17a 所示。

输出电阻是频率的函数，外加测试交流电压源的频率应当与输入信号频率相同，电压（Pk）值默认 1V 即可，测试源的设置如图 4-17b 所示。

图 4-17　激励源和测试电压源参数

a）Vin　b）Vin1

在测量端口电压和电流时，我们只关心它们的交流成分，双击伏特计，在其参数设置对话框的"值"选项卡中修改"模式"为"交流"，如图 4-18 所示。按同样方法修改电流计的显示模式为交流。

图 4-18　伏特计值模式设置

3）对电路进行交互式仿真。

启动交互式仿真，可以看到电压计上显示外加测试电压源的信号有效值为 0.707 V，输出端口电流有效值为 0.327 mA，于是可计算输出电阻为

$$R_o = U_t / I_t = 0.707\,\text{V} / 0.327\,\text{mA} \approx 2.2\,\text{k}\Omega$$

类似于输入电阻，输出电阻也是频率的函数，根据计算结果可知，当将放大电路看作是负载的信号电压源时，若提供的信号频率为 10 kHz，则该信号电压源的内阻约为 2.2 kΩ。

4.1.3　频率响应特性仿真

前面在分析放大电路的放大倍数、输入电阻和输出电阻时，都假定电路的输入信号为单一频率的正弦信号。实际上，放大电路的输入信号往往包含多种频率成分，占有一定的频率范围。例如广播电视中语音信号的频率范围为 20 Hz ~ 20 kHz，卫星电视信号的频率范围为 3.7 ~ 4.2 GHz 等。输入信号频率的变化会使放大电路中存在耦合电容、旁路电容，以及晶体管自身极间电容的容抗发生变化，从而使放大电路对不同频率的输入信号表现出不同的放大能力。

频率响应特性用于描述放大电路对不同频率信号的放大能力，其定义为放大电路的放大倍数对频率的函数：

$$A_u(f) = U_o(f)/U_i(f) = |A_u(f)|e^{j\varphi(f)}$$

其中，$|A_u(f)|$ 称为幅频特性，它表示输出信号相对于输入信号的振幅放大倍数。$\varphi(f)$ 称为相频特性，它反映了输出信号相对于输入信号产生的相移。

在分析放大电路的频率响应特性时，输入信号的频率范围常常设置在几赫兹到上百兆赫兹，甚至更宽，而放大电路的放大倍数可在几倍到上百万倍之间，为了在同一坐标系中表示如此宽的横坐标和纵坐标范围，在绘制频率特性曲线时常采用对数坐标，称为波特图。

波特图包括对数幅频特性和对数相频特性，它们的横坐标均采用对数刻度 $\lg f$，幅频特性的纵坐标采用 $20\lg|A_u(f)|$，表示放大电路的增益，单位是分贝；相频特性的纵坐标仍采用 φ 表示，单位可采用弧度或角度。

【例 4-5】试分析基极分压式偏置共射极放大电路的频率特性，并求出其通频带 f_{BW}。

【例 4-5】基极分压式偏置共射极放大电路的频率特性分析

1）绘制放大电路，放置波特测试仪。

在 Multisim 中，频率响应特性可使用虚拟仪器波特图仪来测量。绘制完成放大电路后，在 Multisim 软件工作区右侧的虚拟仪器工具栏单击波特测试仪图标 ，并放置波特测试仪到原理图中，如图 4-19 所示，波特图仪 IN 端连接放大电路输入端，OUT 端连接放大电路输出端。

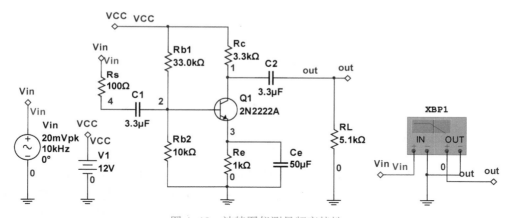

图 4-19　波特图仪测量频率特性

2）启动交互式仿真，分析频率特性。

① 幅频特性。启动交互式仿真，双击波特测试仪图标，打开波特测试仪显示面板，按图 4-20 设置显示模式及横轴、纵轴的坐标刻度，即可较为完整地显示幅频特性曲线。

在如图 4-20a 所示的幅频特性曲线中，将光标移至曲线平坦区，可从曲线的下方读出对应点的增益为 39.916 dB，该增益即为放大电路的中频增益。将光标定位至往左下降 3 dB 的点，如图 4-20b 所示，可读出相应点的频率为 186.155 Hz，该频率即为下限（截止）频率 f_L。再将光标定位至中频增益往右下降 3 dB 的点，读出相应的频率为 2.281 MHz，该频率即为上限（截止）频率 f_H，据此可计算出放大电路的通频带为

$$f_{BW} = f_H - f_L = 2.281\,\text{MHz} - 186.155\,\text{Hz} \approx 2.28\,\text{MHz}$$

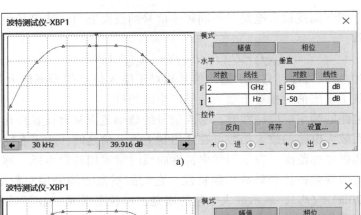

a)

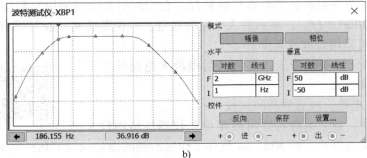

b)

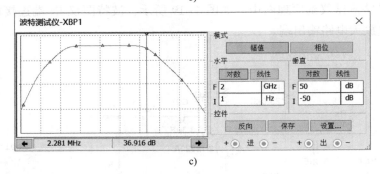

c)

图 4-20　波特测试仪面板显示幅频特性

在幅频特性曲线图中可以看到：当输入信号频率低于下限频率时，频率越低，电路增益衰减越大；当输入信号频率高于上限频率时，频率越高，电路增益衰减越大；而只有当输入信号频率在下限频率和上限频率之间时，电路对不同频率的信号具有同等放大的能力。如果电路是音频放大电路，则必须将 f_L 设计成小于 20 Hz，且将 f_H 设计成大于 20 kHz，才能保证对 20 Hz$<f<$20 kHz 范围内的所有的频率信号进行相等的放大，从而产生尽可能精确的声音。

以上现象可解释为：一方面，在放大电路中，由于耦合电容的存在，当信号频率足够高时，耦合电容相当于短路，信号可以几乎无损耗通过，但若信号频率低到一定程度，电容容抗明显增加，信号将在电容上产生压降损耗，从而导致放大倍数数值减小。另一方面，由于放大电路中寄生电容和晶体管极间电容的存在，当信号频率足够低时，极间电容相当于开路，对信号通过不产生影响；而当信号频率高到一定程度时，极间电容将分流，从而导致放大倍数下降。只有在通频带 f_BW 范围内，耦合电容可视作短路，晶体管极间电容可看作开路，放大电路在这个范围内其增益几乎为恒定值。

② 相频特性。打开波特测试仪面板，按图 4-21 设置显示模式、坐标类型和刻度范围，

得到放大电路相频特性曲线。

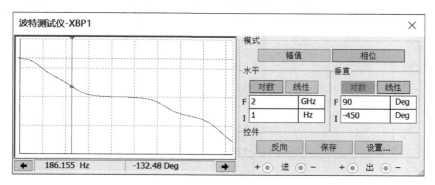

图 4-21　放大电路的相频特性

在相频特性曲线图中将光标定位至某个中频频率 $f_0 = 30$ kHz，可读出在该频率时，输出信号的相移为$-180.387°$。我们知道，在不考虑耦合电容和极间电容的影响时，基本共射放大电路的输出信号与输入信号是反相的，也就是输出相对输入信号会产生$-180°$的相移，可见仿真分析的结果与理论数值几乎一致。

将光标定位至下限频率 $f_L = 186.155$ Hz 处，可读出此时输出信号相对于输入信号的相移为$-132.48°$，相对于中频区的相移，产生了约 48°的附加相移；同样将光标定位至上限频率 $f_H = 2.281$ MHz 处，读出输出的相移为$-225.338°$，相对于中频放大输出产生了约$-45°$的附加相移。若信号频率远低于下限频率或远高于上限频率，则相对于中频区输出产生的附加相移的绝对值更大，如前所述，这是由于放大电路中的耦合电容和极间电容的电容效应加强导致的。

任务 4.2　有源负载共射极放大电路仿真

在基本共射极放大电路中，晶体管的电流放大倍数、集电极电阻都是影响放大倍数的主要参数。晶体管选定后，电流放大倍数就已确定，这时可通过增大集电极电阻来提高电压放大倍数。然而，增大集电极电阻会涉及两方面的问题：一方面增大集电极电阻的同时势必要提高电源电压，以维持晶体管的静态电流保持不变，但当电源电压增大到一定程度时，电路设计便不再合理了；另一方面，在集成运放甚至整个集成电路里面，往往难以制作大电阻。

解决上述问题的途径是使用恒流源作为放大电路的负载，构成有源负载放大电路。如图 4-22 所示为有源负载用于共射极放大电路的情况，输入信号 Vin 加到晶体管 Q3，Q1 和 Q2 是两只特性完全相同的晶体管，它们构成恒流源作为放大电路的负载。从图中可知，晶体管 Q1 的 b-e 间电压和 c-e 间电压相等，从而保证了 Q1 工作在放大状态，而不可能进入饱和状态；又因为图中 Q1 和 Q2 的 b-e 间电压始终相等，保证了静态时它们的基极电流相等，在两只管子特性完全相同的情况下，它们的集电极电流也完全相等，也即 Q1 和 Q2 的集电极电流呈镜像对称关系，这种恒流源称为镜像恒流源。采用该恒流源作为 Q3 的负载具有以下特点。

● 由于 Q3 的集电极电流与恒流源电流相等，Q3 集电极电流很小的变化便能引起 Q2 的

c-e 之间很大的电压变化。因此，Q2 的 c、e 之间呈现为一个很大的动态电阻。

- 在静态时，Q2 的集、射极电压与集电极电流之比，呈现为一个较小的静态电阻。

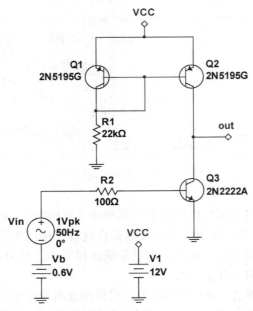

图 4-22 有源负载共射放大电路

因此，采用恒流源作为放大电路的负载可实现在不提高电源电压的情况下，为晶体管提供合适的静态电流，且可获得很高的电压增益和较大的动态范围。

4.2.1 直流转移特性仿真

直流转移特性是指电路的直流输出量与不同的直流偏置工作点的对应关系。利用直流转移特性可方便地确定出直接耦合放大电路的线性工作范围，进一步确定合适的静态工作点，以获得最大的线性动态范围。

Multisim 软件提供的直流扫描分析功能，常常用于获取运算放大器、TTL、CMOS 等电路的直流转移特性曲线，用以确定输入信号的最大范围和噪声容限，但直流扫描分析不适用于获取阻容耦合放大电路的转移特性曲线。

【例 4-6】试分析如图 4-22 所示的有源负载共射极放大电路的直流转移特性；并求出使输出的动态范围最大时，放大电路的静态工作点。

【例 4-6】有源负载共射极放大电路的直流转移特性分析

1）绘制图 4-22 所示的电路。

其中，Q1、Q2 位于 Transistors 组的 BJT_PNP 系列中，Q3 位于该组的 BJT_NPN 中。

2）设置直流扫描仿真参数。

在 "Analyses and Simulation" 仿真设置对话框中选择 "直流扫描"，从源 1 选项栏选择直流电压源 Vb 做直流扫描分析，起始值为 0.56 V，停止值为 0.66 V，增量为 0.0001 V，后续如果扫描的曲线不够光滑，可以将增量值设置小一些。在 "输出" 选项卡添加 "电路电压" 变量 V(out) 作为分析变量。

3）对电路做直流扫描仿真分析。

运行仿真，得到图 4-23 所示的直流转移特性曲线。由图中可以看出，当 Vb 小于 593 mV 时，输出约为 11.8 V，此时晶体管 Q3 截止，Q2 饱和；当 Vb 大于 634 mV 时，输出约为 0.3 V，此时晶体管 Q3 饱和；而当 593 mV<Vb<634 mV 时，直流转移特性曲线接近于直线，此时电路处于线性放大状态。

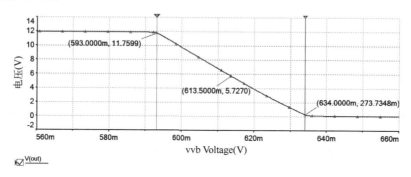

图 4-23　有源负载共射极放大电路直流转移特性

分析图 4-23 可知，为了使输出电压的动态范围最大，放大电路的静态工作点应当设置在直流转移特性曲线线性区的中部，此时输出的静态电压 Vout 约为 5.727 V，与该值相对应的静态工作点 Vb 的值约为 613.5 mV。还可以得到在该直流工作点时，为使输出信号不失真，输入交流信号的振幅不能大于直流转移特性曲线线性区横坐标宽度的一半，即（634-593）mV/2=20.5 mV，否则输出将产生非线性失真。

4.2.2　时域响应特性仿真

时域响应特性是指给电路施加一定形式的输入信号（正弦信号、方波信号、阶跃信号等）后，电路的输出量（电压或电流等）随时间的变化规律。利用 Multisim 的瞬态分析功能可以得到在各种形式的激励作用下，电路中各节点变量的时域响应，这类似于用示波器观察电路中各节点变量的波形。

【例 4-7】试分析图 4-22 所示电路的时域响应特性。并求电路在输入信号频率为 50 Hz，幅度分别为 15 mV、30 mV 时，输出信号的幅度和放大倍数。

【例 4-7】有源负载共射极放大电路的时域响应特性分析

1）绘制电路、修改偏置电源参数。

根据 4.2.1 节直流扫描的结果，基于已经绘制完成的电路，修改电压源 Vb 的电压（V）值为 613.5 mV，电压信号源 Vin 的频率为 50 Hz、电压（Pk）值为 15 mV。

2）设置仿真参数。

在 Multisim 软件 "Analyses and Simulation" 仿真设置对话框中选择 "瞬态分析"。在 "分析参数" 选项卡设置初始条件为自动确定初始条件，起始时间为 0，结束时间为 100 ms，最大时间步长为默认值；在 "输出" 选项卡将电路电压变量 V（out）添加到 "已选定用于分析的变量" 中。

3）对电路进行瞬态分析。

完成上述设置后保存，然后运行仿真，得到图 4-24 所示的瞬态分析仿真结果。

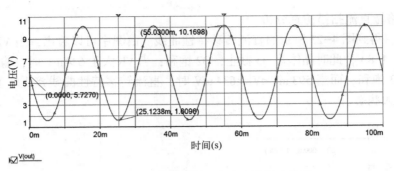

图 4-24　有源负载共射极放大电路瞬态分析

从仿真波形可以看出输出信号没有失真，利用光标可定位一个周期内输出电压的波峰和波谷值，计算出输出信号幅度为

$$U_{om} = (10.1698\ V - 1.6096\ V)/2 = 4.2801\ V$$

进一步得到放大倍数为

$$|A_u| = U_{om}/U_{im} = 4.2801\ V/15\ mV \approx 285.34$$

若修改输入信号 Vin 幅度为 30 mV，重新进行瞬态仿真，可得到图 4-25 所示的波形。可以看到，输出信号出现了明显的失真，表现在波形的正半周和负半周均被"切平"。

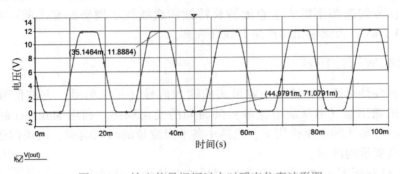

图 4-25　输入信号振幅过大时瞬态仿真波形图

在前面进行直流扫描分析时我们知道，该有源负载放大电路的线性范围为 593 mV<Vb<634 mV，在静态工作点设置在线性区的中点时，输入信号的幅度不能超过 20.5 mV。信号源 Vin 振幅设置为 30 mV，其大小已经超过了输入信号振幅的最大值 20.5 mV，这会使得在输入信号的正半周的一部分时间内 Q3 处于饱和状态、Q2 处于放大状态，从而输出电压接近于 0；而在输入信号负半周的一部分时间内，Q3 处于截止状态、Q2 处于饱和状态，输出电压接近于电源电压 12 V。

4.2.3　频率响应特性仿真

在任务 4.1 里分析放大电路的增益、输入及输出电阻时，采用了交互式仿真或瞬态分析的方法，但这两种方法都只能测得某一特定频率时电路中节点变量的响应。通常，这些参数都是频率的函数，如果希望得到这些参数随频率的分布情况，又该如何分析呢？这时就要用到 Multisim 提供的交流扫描分析功能了。

【例4-8】 对图 4-22 所示电路进行交流（小信号）扫描分析，求电路的电压增益频率特性及其上限截止频率。

【例4-8】有源负载共射极放大电路的电压增益频率特性及其上限截止频率分析

1）绘制电路，设置激励源。

基于图 4-22 所示的有源负载放大电路，双击信号源 Vin，弹出元器件参数对话框，在"值"选项卡中，按图 4-26 所示设置"交流分析量值"为 15 mV，其余参数按默认设置即可。

2）设置网络名称及仿真参数。

在"电路图属性"中设置"网络名称"为"全部显示"。双击信号源 Vin 与电阻 R2 之间的导线，修改网络名称为"In"，如图 4-27 所示。

图 4-26　激励源交流扫描参数设置　　　　　　图 4-27　输入信号网络名称修改

打开"Analyses and Simulation"仿真设置对话框，如图 4-28 所示，选择"交流分析"，在"频率参数"选项卡设置：起始频率为 10 Hz，停止频率为 10 MHz；"扫描类型"为"十倍频程"，"每十倍频程点数"为"10"；"垂直刻度"为"线性"。在"输出"选项卡，通过"添加表达式"将"V(out)/V(In)"作为分析变量。

3）对电路进行交流扫描分析。

启动仿真，得到图 4-29 所示的仿真结果。

图 4-29a 和图 4-29b 分别展示了放大倍数的幅频特性曲线和相频特性曲线。在幅频特性波形中将光标定位至频率为 50 Hz 处，测得该频率时电路的放大倍数为 291.5392，这与上一小节通过瞬态分析测得的结果是比较接近的。在相频特性波形图中，将频率定位至 50 Hz，可测得该频率时输出电压的相移为 179.8190°，几乎等于 180°，这与共射放大电路的特性是完全符合的。

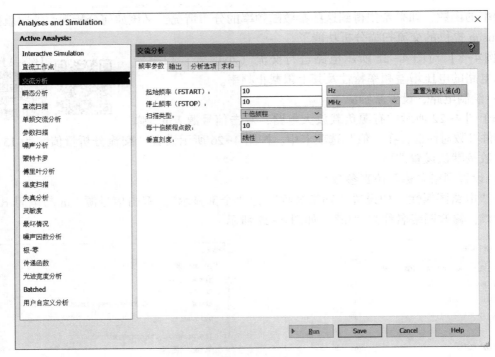

图 4-28　交流扫描仿真参数设置

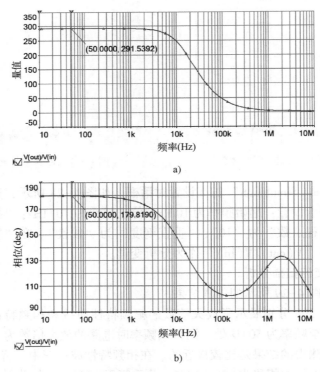

图 4-29　有源负载共射极放大电路交流分析

a) 幅频特性　b) 相频特性

接下来确定放大电路的上限截止频率。在幅频特性曲线图中双击纵坐标，弹出图形属性设置对话框，在"左轴"选项卡设置"刻度"为"分贝"，确认后返回。如图4-30所示，通过光标1确定频率为50 Hz时放大电路的增益约为49.2939 dB，将光标2定位到纵坐标下降3 dB的点，得到此时横坐标约为15.6196 kHz，即上限截止频率$f_H = 15.6196$ kHz。

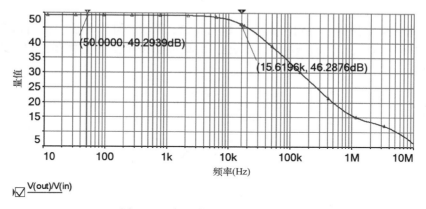

图4-30　幅频特性求上限截止频率

需要注意的是，网络 out 和 in 的电压都包含直流成分，在进行交流扫描分析时，无论是变量 V(out)、V(in)，还是由它们构成的表达式，都只取其中的交流成分进行分析。

【例4-9】求图4-22所示电路输出电阻的幅频特性。

1）绘制输出电阻测试电路，设置激励源。

根据输出电阻的求法，绘制如图4-31所示输出电阻测试电路。

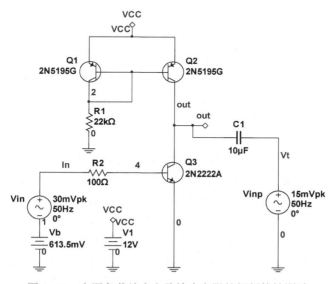

图4-31　有源负载放大电路输出电阻的幅频特性测试

先在测试电路输出端 out 串接一个隔直电容 C1，其值为 10 μF，然后在放大电路的输出端施加一个测试信号源 Vinp。注意若不加隔直电容，晶体管的静态工作点将受到影响。最后，分别设置信号源 Vin、测试信号源 Vinp 的"交流分析量值"为 0 V、15 mV，将电容 C1 与信号源 Vinp 之间的连线网络名称修改为 Vt。

2）设置仿真参数。

完成以上电路修改后，在"交流分析"仿真设置界面添加输出电阻 Rout = V（Vt）/ I（VINP）作为分析变量。

3）对电路做交流扫描，得到仿真波形如图 4-32 所示。可以看出，该有源负载放大电路在中低频段输出阻抗比较大，约为 11.5 kΩ，故该电路带负载能力较弱，它要求负载电阻尽可能大一些。

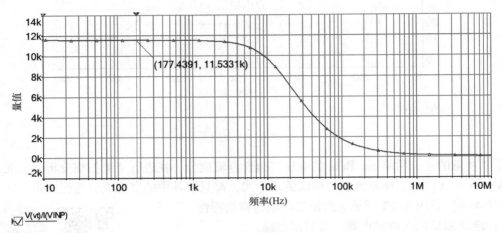

图 4-32　输出电阻的幅频特性曲线

任务 4.3　差分放大电路仿真

在前面由分立器件构成的放大电路中，放大电路输入端的电压信号常常为单端信号，这种信号是由信号线和地线构成的，在描述这种信号时一般只有一个端子，另一个端子接地。

单端信号在远距离传输的过程中，很容易受到外界电磁干扰。受到干扰的信号进入放大电路后，有用信号和干扰信号都被同时放大，这时要从输出中提取出有用信号是非常困难的。

为此，人们设计了双端输入、双端输出结构的差分放大电路（差分放大器，简称差放）。图 4-33 所示为恒流源式差分放大电路，它包含两个输入信号 Vi1 和 Vi2，但相位相反，且由于两个输入信号相距很近，可以认为这两个输入信号受到了相同的干扰，有用信号和干扰信号均进入放大电路被放大；放大电路也包含两个输出端 Vo1 和 Vo2，而真正的输出信号是两个输出端信号的差值 Vo1-Vo2。这样，两个输入端被放大的相同的干扰信号在输出端因为作差值运算而抵消，而有用信号由于相位相反，在输出端作差值运算后被保留。

一般把差分放大电路两个输入信号的差值称为差模信号，两个输入端受到的相同干扰信号称为共模信号。差分放大电路具有放大差模信号、抑制共模信号的特性，且采用对称电路结构，十分利于集成，两级差放之间可以直接级联，耦合很方便，能很好地抑制直接耦合多级放大电路中的零点漂移现象，这些特点使得差分放大电路在模拟集成电路中获得非常广泛的应用。

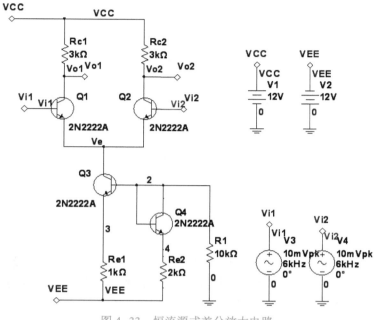

图4-33　恒流源式差分放大电路

本节通过实例分析理想对称差分放大电路的基本特性，包括小信号差模特性和共模特性，计算共模抑制比KCMR等。

4.3.1　差模特性仿真

差模特性是指给差分放大电路两个输入端提供一对大小相等、极性相反的信号（即差模信号）时，差分放大电路四种接法所对应的差模电压增益、差模输入电阻、差模输出电阻等特性。下面以恒流源式差分放大电路为例分析其差模特性。

差分放大电路可分为长尾式差分放大电路和带恒流源式的差分放大电路。前者虽然电路简单，但在单端输出时，要实现较大的共模抑制比，尾部的电阻取值需要很大，这限制了其在集成电路中的应用。后者利用恒流源交流电阻大、直流电阻小的特性，可以在单端输出时获得很高的共模抑制比，且恒流源同时还提供合适的静态电流，因此在集成电路中应用广泛。

【例4-10】试分析图4-33所示恒流源式差分放大电路的差模特性。

【例4-10】恒流源式差分放大电路的差模特性分析

1）搭建电路。

搭建的电路如图4-33所示。其中，Q1和Q2组成差分对放大器，Q3和Q4组成恒流源。

2）激励源和仿真参数设置。

为了获得两个大小相同、极性相反的差分输入信号，在图4-33所示的差分放大电路中，分别按图4-34a设置信号源V3的"交流分析量值"为10 mV，"交流分析相位"为0°；按图4-34b设置信号源V4的"交流分析量值"为10 mV，"交流分析相位"为180°。即V3和V4是幅值相同、而极性相反的信号。

a)   b)

图 4-34 差分输入的激励源设置

在"Analyses and Simulation"仿真设置对话框，选择"交流分析"，设置扫描起止频率为 1 Hz~1 GHz，扫描类型为十倍频程，取 10 个点/十倍频，垂直刻度设为线性。设 Vi1 = -Vi2（差模输入），分别求如下参数的幅频特性：

- 双端输入双端输出电压增益，表达式为
  Avd = (V(vo1) - V(vo2)) / (V(vi1) - V(vi2))
- 双端输入单端输出（Vo1 端）电压增益，表达式为
  Avd1 = V(vo1) / (V(vi1) - V(vi2))
- 双端输入单端输出（Vo2 端）电压增益，表达式为
  Avd2 = V(vo2) / (V(vi1) - V(vi2))

3）对电路进行交流扫描仿真分析。

运行仿真，得到图 4-35 所示的差模电压增益幅频特性、图 4-36 所示的节点 Ve 电压的幅频特性。

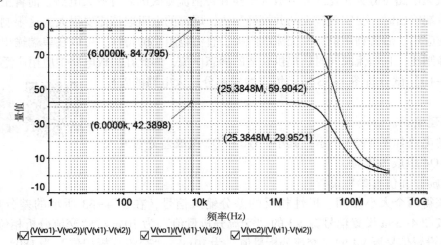

图 4-35 差模电压增益幅频特性

可见，差分放大电路单端输出的放大倍数 Avd1 和 Avd2 的幅频特性曲线是完全重合的，其低频放大倍数约为 42.3898。双端输出的低频放大倍数 Avd 约为 84.7795，是单端输出放大倍数的 2 倍。

使用光标定位双端输出放大倍数的幅频特性下降到低频放大倍数 $1/\sqrt{2}$（0.707，即 -3 dB 带宽）倍的点，得到上限截止频率 f_H 约为 25.3848 MHz。

从图 4-36 可以看出，节点 Ve 的电压等于 0，表明晶体管 Q1 和晶体管 Q2 对交流共模信号是接地的。事实上，当给放大电路提供一对大小相等、极性相反的差分信号时，一方面由于电路参数对称，Q1 和 Q2 集电极电流的变化大小相等、极性相反。另一方面，由 Q3 和 Q4 构成的恒流源对交流信号可等效为一个很大的电阻。因此这个等效电阻上的电流变化为 0，由差分信号在这个等效电阻上产生的压降也几乎为 0，网络节点 Ve 的交流电位对地为 0。

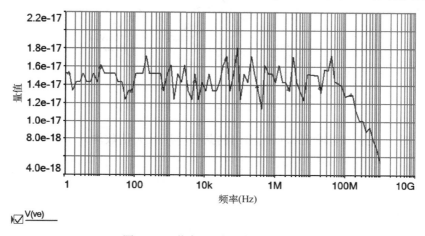

图 4-36　节点 Ve 电压的幅频特性

4.3.2　共模特性仿真

共模特性是指给差分放大电路两个输入端提供一对大小相等，极性相同的信号（即共模信号）时，放大电路的共模电压增益等特性。

【例 4-11】试分析图 4-33 所示恒流源式差分放大电路的共模特性。

【例 4-11】恒流源式差分放大电路的共模特性分析

1）搭建电路。差分放大电路两个输入端用同一个信号源 V3 提供（共模信号），如图 4-37 所示。

2）仿真参数设置。仿真参数设置与【例 4-10】基本相同，设 $Vi1 = Vi2 = Vi$（共模输入），求以下参数的幅频特性。

- 单端（Vo1c）输出共模电压增益，表达式为 Avc1 = Vo1c/Vi；
- 单端（Vo2c）输出共模电压增益，表达式为 Avc2 = Vo2c/Vi；
- 双端输出共模电压增益，表达式为 Avc =（Vo1c-Vo2c）/Vi；
- 节点 Ve 的电压。

3）对电路进行交流扫描仿真分析。运行仿真，得到如图 4-38 所示的仿真图形。

从图 4-38 可以看出，差分放大电路的单端输出放大倍数 Avc1 和 Avc2 相同，且信号频

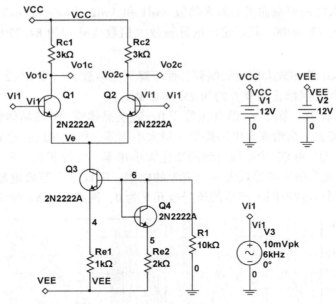

图 4-37　差分放大电路共模输入

率小于 1 MHz 时，电路单端输出和双端输出的共模电压放大倍数均几乎为 0。

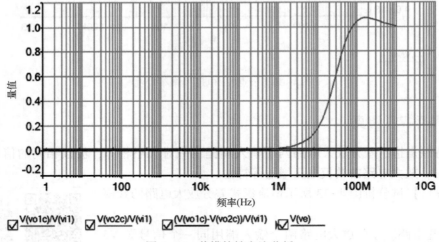

图 4-38　共模特性交流分析

在图 4-38 中，网络节点 Ve 的电压较小，与电路共模放大倍数曲线绘制在同一坐标系中不方便观察其电压随频率变化情况，为此，可单独对网络节点 Ve 重新绘制其电压幅频特性。其步骤如下。

① 在图示仪视图窗口中新建页面。

② 选择菜单"曲线图"→"从最近的仿真结果中添加光迹"命令，或直接单击工具栏 ∞ 图标，弹出图 4-39 所示"从最近的仿真结果中添加光迹"对话框，选择将希望观察的变量添加"至新曲线图（T）"。

图 4-39　从最近的仿真结果中添加光迹

③ 将变量 V（Ve）添加至"选定的表达式（x）"列表中，单击"计算"按钮生成图 4-40 所示的 Ve 电压幅频特性曲线图。

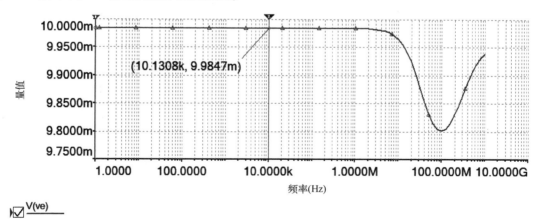

图 4-40　节点 Ve 的电压幅频特性

从 Ve 的电压幅频特性可知，在低频时，Ve 的交流电压约为 10 mV 而不是 0 V。这是因为放大电路采用共模输入后，晶体管 Q1 和 Q2 集电极电流的变化大小相等、极性相同，导致由晶体管 Q3 和 Q4 构成的恒流源其等效电阻上存在不为 0 的交变电流，交变电流在这个等效电阻上产生压降，也即节点 Ve 存在不为 0 的交流电压。

4.3.3 共模抑制比 KMCR 仿真

正如前面的分析，设计差分放大电路的目的就是要放大有用信号、抑制干扰信号。一个差分放大电路，对有用信号的放大能力和对干扰信号的抑制能力越强，电路的输出越干净，整体性能越好。

共模抑制比是综合反映差分放大电路放大差模信号能力和抑制共模信号能力的一项指标，其定义为放大电路差模信号的电压放大倍数 A_{vd} 与共模信号的电压放大倍数 A_{vc} 之比的绝对值，即

$$\text{KCMR} = |A_{vd}/A_{vc}|$$

共模抑制比越大，说明电路对差模信号的放大能力和对共模信号的抑制能力越强，电路的性能越好，理想情况下，由于 $A_{vc} = 0$，则 $\text{KCMR} = \infty$。

【例 4-12】试分析图 4-33 所示差分放大电路的共模抑制比 $\text{KCMR} = |A_{vd1}/A_{vc1}|$ 的幅频特性，并确定 KCMR 的截止频率 f_{KCMR}。

【例 4-12】差分放大电路的共模抑制比分析

1）绘制共模抑制比求解电路。

求解共模抑制比的电路接法的原理性框图如图 4-41 所示，Dif-AMP1 为求差模放大倍数的电路，Dif-AMP2 为求共模放大倍数的电路，其对应的具体电路分别如图 4-42a 和图 4-42b 所示。

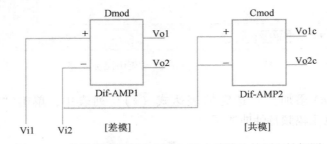

图 4-41 求解共模抑制比 KCMR 的电路接法的原理性框图

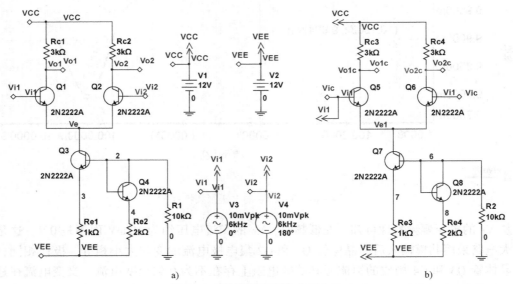

图 4-42 共模抑制比的求解电路

　　根据定义，分析共模抑制比需要同时分析差模放大倍数和共模放大倍数，为此，在绘制完图 4-33 求解差模特性的电路后需新建一个页面。方法是：单击菜单"绘制"→"连接器"→"多页"，在弹出的页面名称对话框中输入"共模"后单击"确认"按钮，即在原来的差模特性电路页面下出现新的"差分放大电路#共模"页面，该页面电路即是图 4-41 中的 Dif-AMP2 模块。双击这个新页面，进入电路图绘制窗口，然后将 4.3.2 节的共模特性求解电路复制到这个新的电路页面，并修改元器件编号，确保同一个电路设计中所有元器件编号均不相同。

　　为了能在两页电路之间共用电源、信号源等符号，可采用"离页连接器"实现不同页面之间网络节点的电气连接。

　　2）激励源和仿真参数设置。激励源设置与 4.3.1 节分析差模特性相同，即分别按图 4-34a 和图 4-34b 设置即可。然后在"交流分析"参数设置界面添加表达式"((V(vo1)-V(vo2))/(V(vi1)-V(vi2)))/(V(vo1c)/V(vi1))"作为交流分析的变量。

　　3）对共模抑制比进行交流分析。启动仿真，得到如图 4-43 所示的幅频特性曲线。

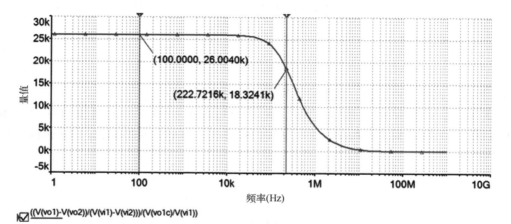

图 4-43　共模抑制比幅频特性

　　从图 4-43 可以看出，该差分放大电路的共模抑制比 KCMR 约为 2.6 万倍（即 88.3 dB），数值比较大，因此其性能良好。另外，从图中可确定 KCMR 截止频率为 222.7216 kHz。

　　【例 4-13】分析图 4-33 所示恒流源式差分放大电路的共模抑制比。

　　要求：设 Re1＝Re2＝10 kΩ 时，Q3 集电极静态电流为 Ic。若 Re1＝Re2＝0，调节 R1，保证 Q3 集电极静态电流 Ic 不变，求此时 KCMR 的幅频特性，并确定 KCMR 的截止频率 f_{KCMR}。

　　1）对电路进行直流工作点分析。对图 4-33 所示电路进行直流工作点分析，得到 Q3 集电极电流 Ic＝1.8674 mA。

　　2）修改共模抑制比求解电路，然后进行参数扫描。修改图 4-42 所示的共模抑制比求解电路，分别将电路中的 Re1、Re2、Re3、Re4 短路，然后打开仿真参数设置对话框，选择"参数扫描"，在"分析参数"中设置"扫描参数"为器件参数，"器件类型"选择"Resistor"，

"名称"选择电阻 R1，"参数"选择"resistance"，"扫描变差类型"选择"线性"。起止值为"5k~15k"，增量为 10 Ω，"待扫描的分析"选择"直流工作点"。

扫描完成得到图 4-44 所示电阻 R1 与 Q3 集电极电流 Ic 的关系曲线。从图中可知，当 R1 = 12.3985 kΩ 时，可以保持 Q3 集电极电流为 1.8674 mA。

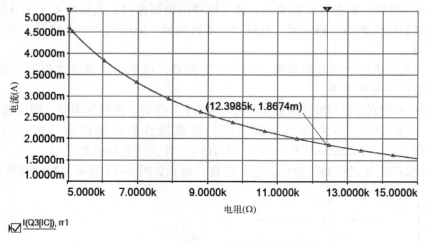

图 4-44　R1 阻值与 Q3 集电极电流的关系曲线

3）修改全局变量电阻值，对共模抑制比进行交流扫描分析。

将图 4-42 中电阻 R1、R2 均设置为前面通过参数扫描获得的阻值（即 R1 = R2 = 12.3985 kΩ），再重新对共模抑制比进行交流扫描分析，得到共模抑制比的幅频特性曲线如图 4-45 所示。

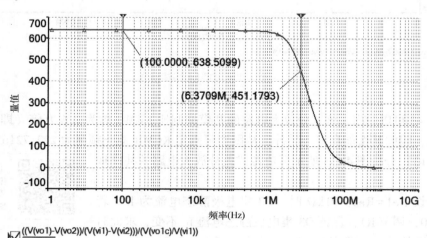

图 4-45　去掉 Re1、Re2、Re3、Re4，保持 Q3 的 Ic 不变时的 KCMR 的幅频特性

可见，此时共模抑制比由原来的 2.6 万倍下降到约 639 倍，截止频率也由原来的 222.7216 kHz 升高至约 6.37 MHz。这是因为，Re1 = Re2 = 0 后，虽然保证了 Q3 集电极电流不变，但电路结构发生了变化，即原来的偏置恒流源变成了简单的镜像恒流源，其输出电阻大幅下降，以致共模抑制比大幅下降。

课后练习

【练4-1】射极跟随器电路如图4-46所示，设输入信号频率为1 kHz，幅度为20 mV。试求：

1）分析该放大电路的静态工作点，判定晶体管的工作状态，并通过瞬态分析求出其放大倍数。

2）将输入信号幅度增加至3 V，改变Rb1的值以调整直流工作点，确保输出波形不失真，求出放大电路不失真输出时Rb1的最大值。

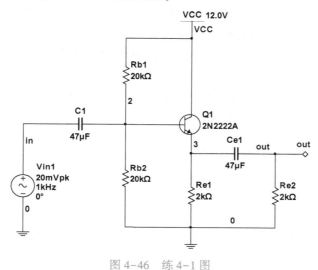

图 4-46　练 4-1 图

【练4-2】有源负载放大电路如图4-47所示。设R1的值固定为100 kΩ，信号源V2频率为500 Hz。试求：

1）试确定R2的值，使得放大电路输出电压的摆幅最大。

2）求出使得输出信号不失真时，输入信号V2的动态变化范围以及电路的放大倍数。

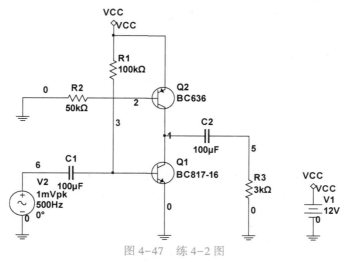

图 4-47　练 4-2 图

项目 5　集成运算放大器的仿真

项目描述

电子信息系统一般由信号感知、信号处理、信号执行等模块构成。而信号感知由传感器提取信号，其幅值往往都很小，容易被淹没在噪声中。因此，需要将信号与噪声隔离开来，并需要对信号进行放大等处理。集成运算放大器能实现信号的运算、滤波和放大等。

本项目主要讨论基于集成运算放大器的基本运算电路、电压比较器和有源滤波电路等的特性仿真及应用。

任务 5.1　认识集成运算放大器

5.1.1　理想运放的性能指标

集成运算放大器（简称运放）有两个工作区域：线性区和非线性区。运放工作于线性区时，输出与输入成比例；工作于非线性区时，输出信号的幅值为某一定值，与输入信号的大小无关。假设某运放的输出信号电压为 $-10 \sim +10\,\mathrm{V}$，放大倍数为 10000，则当输入电压 $|V_i| \leqslant 1\,\mathrm{mV}$ 时，运放处于放大区（线性区），如图 5-1 所示。

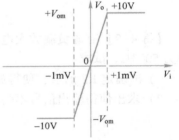

图 5-1　集成运放的电压传输特性

放大倍数越大，线性区越窄；当放大倍数趋于 ∞ 时，线性区趋于 0。因此，集成运放的理想化参数包括：

- 开环放大倍数 $A_{od} = \infty$。
- 差模输入电阻 $R_{id} = \infty$。
- 输出电阻 $R_o = 0$。
- 共模抑制比 $K_{CMR} = \infty$。
- 上限截止频率 $f_H = \infty$。

5.1.2　理想运放的"虚短"和"虚断"计算原则

设集成运放同相输入端和反相输入端的电位分别是 u_P、u_N，电流分别为 i_P、i_N。当集成运放工作在线性区时，输出电压与输入差模电压呈线性关系，即应满足 $u_o = A_{od}(u_P - u_N)$。由于 u_o 为有限值，而 $A_{od} = \infty$，因而：

$u_P = u_N$，称两个输入端"虚短"。

又因为净输入电压为零，且集成运放的输入电阻 $R_{id} = \infty$，故：

$i_P = i_N = 0$，称两个输入端"虚断"。

集成运放工作在线性区的分析主要利用"虚短"和"虚断"两个概念。而理想运放工作在非线性区的条件是：电路开环工作或引入了正反馈。

任务 5.2　基本运算电路的仿真

集成运放的应用首先表现在它能构成各种运算电路上，并因此得名。在运算电路中，以输入电压为自变量，以输出电压为因变量；当输入电压变化时，输出电压将按一定的数学规律变化，即输出电压为输入电压经过某种运算的结果。因此，集成运放必须工作在线性区，在深度负反馈条件下，利用反馈网络实现各种数学运算。

5.2.1　比例运算放大电路的仿真

比例运算电路分为反相比例运算电路和同相比例运算电路，分别如图 5-2a 和图 5-2b 所示。运用"虚短"和"虚断"，可以计算出二者的比例运算关系分别如下。

- 对反相比例运算电路，$u_o = -\dfrac{R_f}{R} u_I$，"−"表示输入、输出相位相反。

- 对同相比例运算电路，$u_o = \left(1 + \dfrac{R_f}{R}\right) u_I$。

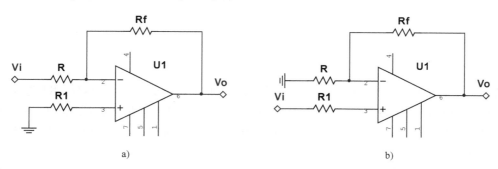

图 5-2　比例运算电路

a）反相　b）同相

拓展阅读

1979 年 12 月，美国气象学家洛伦兹（Lorenz）在华盛顿的美国科学促进会的一次讲演中提出：一只蝴蝶在巴西扇动翅膀，有可能会在美国的得克萨斯引起一场龙卷风。其原因在于：蝴蝶翅膀的运动，导致其身边的空气系统发生变化，并引起微弱气流的产生，而微弱气流的产生又会引起它四周空气或其他系统产生相应的变化，由此引起连锁反应，最终导致其他系统的极大变化。洛伦兹把这种现象戏称作"蝴蝶效应"，意思即一件表面上看来毫无关系、非常微小的事情，可能带来巨大的改变。

古语云"不积跬步无以至千里""千里之堤毁于蚁穴"，讲的也是量变到质变、集小成

大的道理。

集成运放能将输入的微弱信号显著放大，类似洛伦兹所说的"蝴蝶效应"。其实人生也如此，只有做正确的事、正确做事，每天努力做好"小"事情、做好本职工作，日积月累，未来必定有"大"的成长，收获丰硕的成果。

【例 5-1】试仿真反相比例运算电路在输入信号 V_{in} 不同频率时的电压放大倍数，并分析造成如此差异的原因。设 V_{in} 是频率分别为 10 kHz 和 100 kHz、幅值都为 0.1 V 的理想正弦信号（直流分量为 0 V）。

1）搭建如图 5-3 所示的反相比例放大倍数的测试电路。

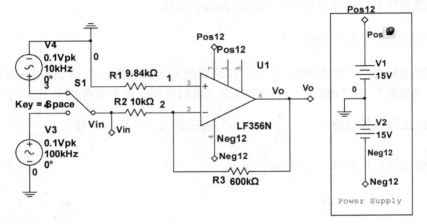

图 5-3　反相比例运算电路

这里选用 LF356N 集成运放，用开关 S1 切换输入信号源。设 R2 为 10 kΩ、R3 为 600 kΩ，即设置电路的放大倍数为 60 倍。按集成运放两个输入端的阻抗相匹配原则，则 R1 = R2//R3 = 9.84 kΩ。信号源为正弦信号，AC = 1，DC = 0，FREQ 分别为 10 kHz 和 100 kHz，VAMPL = 0.1 V，VOFF = 0。

2）对电路做瞬态分析。

瞬态分析时长分别为 600 μs 和 60 μs，最大步长 0.1 μs。仿真结果如图 5-4 所示。

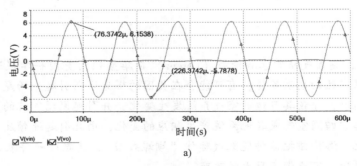

a)

图 5-4　反相比例运算电路的瞬态分析波形

a）10 kHz

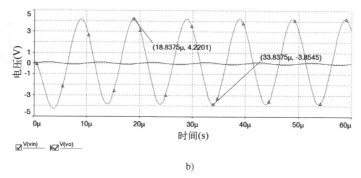

b)

图 5-4　反相比例运算电路的瞬态分析波形（续）

b)　100 kHz

按前面的计算公式可知，输出电压 $V_o = -\dfrac{R_f}{R}u_I = -\dfrac{600}{10}u_I = -60u_I$，即输出信号的幅值应为 6 V。从图 5-4a 可以看出，在输入信号频率为 10 kHz 时，输出信号的幅值平均可达约 5.97 V，十分接近 6 V。而从图 5-4b 可以看出，在输入信号频率为 100 kHz 时，输出信号的幅值平均约 4.04 V，与理论计算值的 6 V 相去甚远。由于电源是 ±15 V 供电，因此不可能是电源限幅的原因。同时从波形上也可以看出，输出信号波形并未失真，因此运放肯定处于线性工作区。但为何会造成这样的情况？

查阅 LF356 运放的数据手册可知，LF356 性能参数在 $V_S = 15\,V$、$R_L = 10\,k\Omega$ 情况下的典型值分别为 $V_{OM}：±13\,V$，$I_{OM}：±25\,mA$，$I_{IO}：3\,pA$，$R_{IN}：10^{12}\,\Omega$，$SR：12\,V/\mu s$，$GBW：5\,MHz$，即 LF356 的增益带宽积 GBW 为 5 MHz。请读者注意，运放的闭环增益和截止频率受到增益带宽乘积的限制。

造成该结果的原因是由于集成运放的增益带宽积是一个常数，而当集成运放的闭环增益为 60 倍时，它的最高截止频率小于 100 kHz。对图 5-3 所示电路进行 AC 扫描，扫描范围为 1 Hz ~ 10 MHz，每十倍频 5 个点，得到该运放在放大倍数为 60 时的幅频特性，如图 5-5 所示。由图可知，该电路 -3 dB 带宽约为 83.5 kHz，很显然，只采用一级 LF356 的运放电路是不能将频率为 100 kHz 的信号放大 60 倍的。

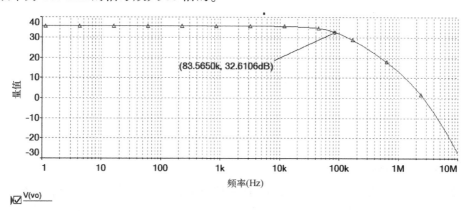

图 5-5　反相比例放大电路的幅频特性

【例5-2】试分析反相比例运算电路与同相比例运算电路的特性异同。

1）搭建如图5-6所示的测试电路。

通过调整电阻参数，使两个电路的低频增益都为6（倍）。按集成运放两个输入端的阻抗相匹配原则，则 R1 = 8.57 kΩ 而 R4 = 8.33 kΩ。信号源为正弦信号，AC = 1，DC = 0，FREQ = 1 kHz，VAMPL = 0.1 V，VOFF = 0。

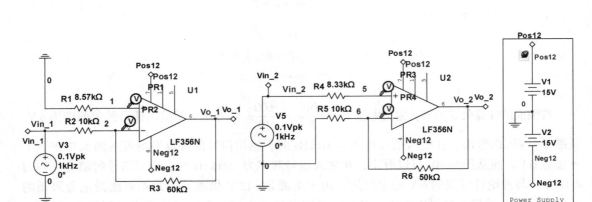

图5-6　反相、同相比例运算电路

2）二者放大倍数的比较。

对电路做瞬态分析，分析时长6 ms。可见，同相与反相比例运算电路输出信号的幅值都约为0.6 V，和理论计算值相吻合，但其相位相差180°，如图5-7所示。

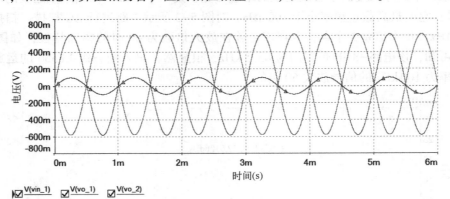

图5-7　反相、同相比例运算电路的瞬态仿真波形

3）交流特性的比较。

对电路做交流扫描分析。扫描范围为1 Hz ~ 10 MHz，每十倍倍频5个点，得到该运放在放大倍数为6时的幅频特性曲线、相频特性曲线，分别如图5-8a 和图5-8b 所示。可见，除了相位差为180°外，二者的幅频特性曲线高度重合。

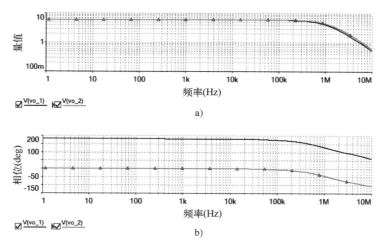

图 5-8　反相、同相比例运算电路的交流特性比较
a）幅频特性　b）相频特性

4）输入电阻的比较。

单击"图示仪视图"→"曲线图"→"从最近的仿真结果中添加光迹"，调出新增曲线显示对话框，通过设置表达式对仿真结果做后处理，如图 5-9 所示。图中"V(vin_1)/I(V3)"和"V(vin_2)/I(V5)"两个表达式分别计算反相、同相比例运算电路的输入电阻。仿真结果详见图 5-10，可见反相比例放大器的输入电阻为 10 kΩ，也就是 R2 的值；而同相比例放大器的输入电阻约为 230 GΩ，远大于反相比例放大电路的输入阻抗。由于反相比例放大电路的输入阻抗较小，因此在应用时它的前级通常要加一个源随器。

图 5-9　新增曲线及仿真结果后处理对话框

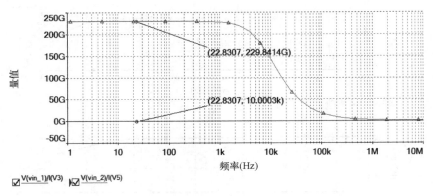

图 5-10　反相、同相比例运算电路输入电阻的比较

5）共模信号的比较。

在运放的输入端分别放置一个电压探针，对电路做 AC 扫描分析，结果如图 5-11 所示。可见，同相比例运算电路在运放的输入端具有较大的共模电平，约为 1 V，而反相比例运算电路的这个值几乎为 0。因此，在使用同相输入的比例运算电路时，就要求所使用的运放具有较高的共模抑制比。

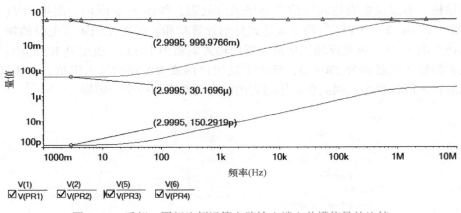

图 5-11　反相、同相比例运算电路输入端上共模信号的比较

综上，在电压放大倍数、幅频特性两个指标上，反相比例运算电路和同相比例运算电路高度一致；而在输入电阻、输入端共模信号两个指标上，同相比例运算电路的值则要高出很多倍。

【例 5-3】试分析集成运放的转换速率对输出信号的影响。

1）集成运放转换速率的释义。

集成运算放大器的转换速率（Slew Rate，SR），又称为压摆率或上升速率，其定义为在 1 μs 时间里电压升高的幅度，反映了集成运放对于快速变化的输入信号的响应能力。SR 越大，表示运放对高速变化的输入信号的响应能力越好。很显然，待处理信号幅值越大，频率越高，要求集成运放的 SR 就越大。

2）搭建仿真测试电路。

为分析集成运放的转换速率对输出信号的影响，特搭建图 5-12 所示的电路。这里用

LF356AH 替代了前面电路一直使用的 LF356N，这是因为在仿真时发现使用 LF356N 会出现不收敛问题。

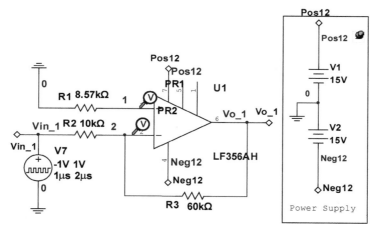

图 5-12　集成运放转换速率的测试电路

用 PULSE_VOLTAGE 信号源产生脉冲信号。分别设置了两种脉冲信号，如图 5-13a 所示的 10μs-width、25μs-period 信号和如图 5-13b 所示的 1μs-width、2μs-period 信号。

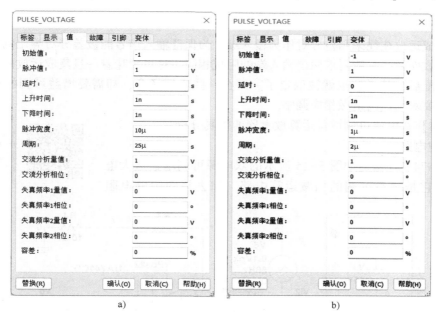

图 5-13　PULSE_VOLTAGE 信号源产生的两种脉冲信号

a）10μs-width、25μs-period 信号　b）1μs-width、2μs-period 信号

3）对电路做瞬态分析。

分析时长分别为 100μs 和 10μs。仿真结果如图 5-14 所示。可见，当输入信号频率不高时，输出类似方波的信号，且电平值达±6V，和理论计算值吻合，如图 5-14a 所示；当输入信号频率较高时，会出现输出信号电压尚未达到峰值就转向的情况，如图 5-14b 所示。

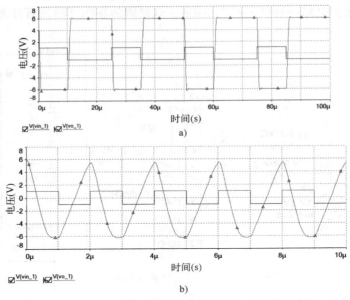

a)

b)

图 5-14　反相比例运放电路在方波输入时的输出波形

a）10 μs-width、25 μs-period 的输入信号时　　b）1 μs-width、2 μs-period 输入信号时

5.2.2　可调增益运算放大电路的仿真

由于集成运放往往采用差分对作为输入级，为保证输入信号能被差分对等比例放大，所以对集成运放而言，一般要求两个输入端的阻抗相同，这也意味着一旦集成运放两个输入端的阻抗被匹配后，其增益也就被确定了。而在一些应用场合，却需要增益可调的运算放大器，这就需要对反馈网络做相应调整。

【例 5-4】双电源可调增益运算放大器的仿真分析。

1）搭建电路。

【例 5-4】双电源可调增益运算放大器分析

使用 UA741CD 搭建如图 5-15 所示的双电源可调增益放大电路，本质上它是增益可调的加减运算电路。如去掉图中的电阻

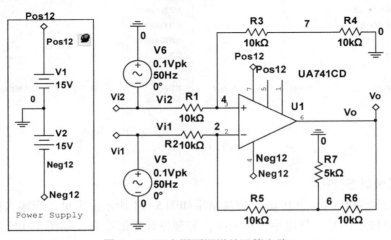

图 5-15　双电源可调增益运算电路

R7，按"虚短"和"虚断"原则，可计算出：

$$V_o = \frac{R_5 + R_6}{R_2}(V_{i1} - V_{i2}) = 4V_{i1}$$

若添加 R7，它和 R5、R6 构成倒"T"形电阻网络。同样运用"虚短"和"虚断"原则，可计算出：

$$V_o = \frac{R_5 + R_6}{R_2}\left(1 + \frac{R_5 // R_6}{R_7}\right)(V_{i1} - V_{i2}) = 4\left(1 + \frac{R_5 // R_6}{R_7}\right)V_{i1}$$

2）对电路做瞬态分析，在此基础上对电阻 R7 进行参数扫描分析。

参数扫描设置界面如图 5-16 所示。设置的 4 个扫描值分别为 1 kΩ、3 kΩ、6 kΩ 和 10 kΩ，得到的扫描曲线如图 5-17a 所示。当 R7 = 10 kΩ 时，仿真所得比例系数约 6.3；当 R7 = 1 kΩ 时，仿真所得比例系数约 27；若 R7 趋近于 ∞，则 $V_o = 4V_{i1}$。

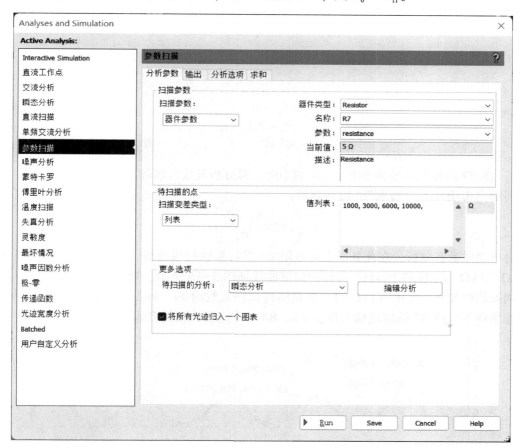

图 5-16　可调增益运算电路的参数扫描设置界面

3）取 R7 = 5 Ω 再对电路做瞬态分析。

所得波形如图 5-17b 所示，可见，此时运放已处于非线性工作区。

综上，可利用 R7 来调节电路的增益，R7 越小，增益越大。注意使用时要让运放工作在线性区。

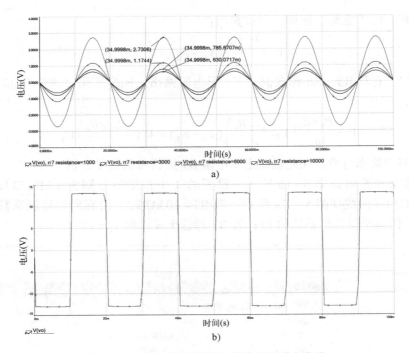

图 5-17　对 R7 进行参数扫描分析的瞬态曲线

a) R7＝1 kΩ、3 kΩ、6 kΩ 和 10 kΩ 时　b) R7＝5Ω 时

4) 将 R7 的接地端改接至 R3、R4 的中间，再分析其放大倍数。

利用"虚短"和"虚断"，可计算出：

$$V_o = 4\left(1 + 2 \times \frac{R_5 // R_6}{R_7}\right) V_{i1}$$

对电路做瞬态分析，在此基础上对电阻 R7 进行参数扫描分析，设置的 4 个扫描值分别为 1 kΩ、3 kΩ、6 kΩ 和 10 kΩ，得到的扫描曲线如图 5-18 所示。当 R7＝10 kΩ 时，仿真所得比例系数约 8.0；当 R7＝1 kΩ 时，仿真所得比例系数约 44。可见，较之于"T"形网络，在同等条件下，将 R7 的接地端改接至 R3、R4 的中间会大幅提升运放的增益。

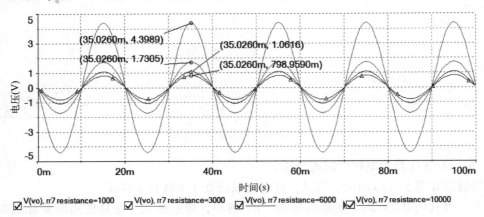

图 5-18　将 R7 的接地端改接至 R3、R4 的中间时的参数扫描曲线

5）对单运放加减电路的改进。

使用单个运放构成加减运算电路时存在两个缺点：一是电阻的选取和调整不方便；二是对于每个信号源而言，输入电阻均较小。因此，常采用两级运放来解决此问题，电路如图5-19所示，第一级电路为同相比例运算，第二级电路为加减运算。

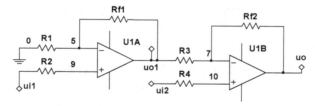

图 5-19　高输入电阻的差分比例运算电路

对于第一级电路，运用"虚短"和"虚断"，可得

$$u_{o1} = \left(1 + \frac{R_{f1}}{R_1}\right) u_{i1}$$

利用叠加定理，第二级电路的输出为

$$u_o = -\frac{R_{f2}}{R_3} u_{o1} + \left(1 + \frac{R_{f2}}{R_1}\right) u_{i2}$$

若 $R_1 = R_{f2}$，$R_3 = R_{f1}$，则

$$u_o = -\frac{R_{f2}}{R_3} u_{o1} + \left(1 + \frac{R_{f2}}{R_3}\right) (u_{i2} - u_{i1})$$

【例 5-5】 单电源可调增益运算放大器的仿真分析。

1）搭建电路。

【例5-5】单电源可调增益运算放大器分析

单电源运放的供电电源分别为一个正电源和"GND"。使用单电源、轨到轨运放 OP295A 搭建的可调增益运算电路如图 5-20 所示。OP295A 是输出摆幅为轨到轨、3～36 V 的单电源供电、增益带宽积为 75 kHz 的运放。所谓轨到轨是指：无失真输出电压的摆幅非常接近正负供电电源范围。输出电压摆幅影响着运放电路的动态范围、信噪比等重要参数。

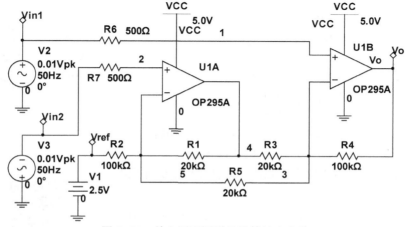

图 5-20　单电源可调增益运算放大电路

这里利用 R5 来调节电路的增益。利用"虚断""虚短"和叠加定理，可得

$$V_o = \left(1 + \frac{R_2}{R_1} + 2\frac{R_2}{R_5}\right)(\text{Vin1} - \text{Vin2}) + V_{\text{ref}}$$

Vin1、Vin2 设置为正弦信号，50 Hz 频率、0.01 V 幅值。Vin1 的电压偏移值（voltage offset）为 2.5 V、Vin2 的电压偏移值为 -2.5 V。Vin1 接 V2 的正端、Vin2 接 V3 的负端，Vref 设置为 2.5 V，即将运放的静态工作点设置为 $\frac{1}{2}$VCC。

2）对电路做瞬态分析，在此基础上对电阻 R5 进行参数扫描分析。

分析时长 100 ms，R5 的 5 个扫描值分别设置为 1.7 kΩ、5 kΩ、10 kΩ、20 kΩ 和 100 kΩ，分析结果如图 5-21 所示。可见，改变 R5 的阻值可以调节电路的增益。同时，当 R5 = 1.7 kΩ 时，输出正弦信号的摆幅十分接近 0 V（地）和 5 V（VCC），实现了"轨到轨"的输出。

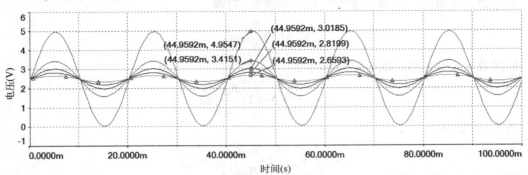

图 5-21　单电源可调增益运放的仿真曲线

5.2.3　积分电路的仿真

积分电路可作为显示器的扫描电路、模/数转换电路，或作为数学模拟运算等。在自动控制系统中，常利用积分电路作为调节环节。此外，在波形的产生与变换及仪器仪表中也常使用积分电路。

图 5-22 所示为积分电路。按"虚短""虚断"概念及运放同相端的电位为 0，可得

$$i_C = i_R = \frac{u_I}{R} \quad 和 \quad u_o = u_C$$

而电容上电压等于其电流的积分，故

$$u_o = -\int i_C \mathrm{d}t = -\frac{1}{RC}\int u_i \mathrm{d}t$$

在实用电路中，为防止低频信号增益过大，常在电容上并联一个电阻加以限制，如图 5-22 中的虚线所示。

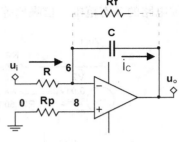

图 5-22　积分电路示意图

【例 5-6】试分析积分电路在正弦波、方波作用下的输出波形。

1）搭建电路。

搭建的积分电路如图 5-23 所示。这里使用 UA741CD 运放，用开关 S1 实现正弦波、方波信号源的切换。

【例 5-6】积分电路分析

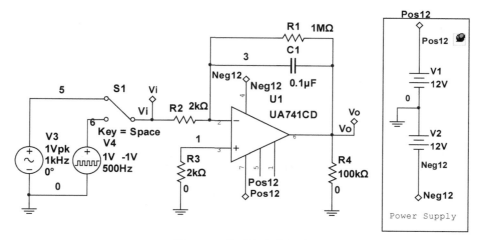

图 5-23　搭建的积分电路

2）输入为正弦波时，对电路仿真。

输入 1 kHz、幅值为 1 V 的正弦波时，首先对电路做瞬态分析，分析时长 600 ms。然后对电阻 R2 做参数扫描分析，R2 的参数分别设置为 2 kΩ 和 4 kΩ，选取 [566 m，569 m] 的仿真结果如图 5-24 所示。可见，相位上 Vo 比 Vi 超前 90°，幅值上和理论计算值吻合。

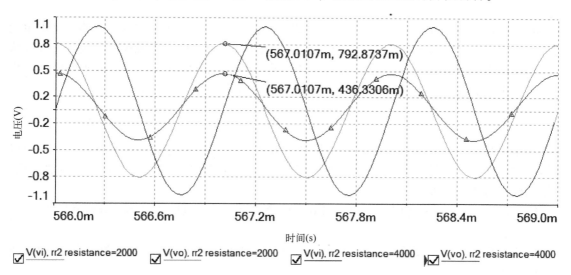

图 5-24　输入正弦波时积分电路的瞬态波形

3）输入为方波时，对电路仿真。

流过 R2 的电流（即电容 C1 的充电电流）为 Vi/R2，输出电压上升或下降的速率为 $|Vi/(R2C1)|$。故当 R2 = 2 kΩ 时，该速率为 5 V/ms；当 R2 = 4 kΩ 时，该速率为 2.5 V/ms。为了不使输出电压发生饱和失真，输出电压的上升或下降速率与积分时间配合要适当。

输入 500 Hz、占空比 50%、幅值为 ±1 V 的方波时，首先对电路做瞬态分析，分析时长 600 ms。然后对电阻 R2 做参数扫描分析，R2 的参数分别设置为 2 kΩ 和 4 kΩ，选取 [560 ms，566 ms] 时间段的仿真结果如图 5-25 所示。

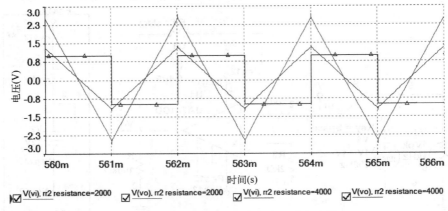

图 5-25　输入方波时积分电路的瞬态波形

提示：

在对积分电路仿真时发现，输出信号的波形有个逐渐趋稳的过程。所以，需要设置较长的仿真时长，并截取形态稳定后的波形做展示。

任务 5.3　电压比较器的特性仿真

电压比较器是对输入信号进行鉴幅与比较的电路，是组成非正弦波发生电路的基本单元电路，在测量和控制领域有着广泛的应用。在电压比较器电路中，集成运放不是处于开环状态（即没有引入反馈），就是只引入了正反馈，即电压比较器中的集成运放处于非线性工作区。电压比较器在实际应用时比较重要的两个参数是灵敏度和响应时间。

5.3.1　简单电压比较器的仿真

工作于开环（或正反馈）状态下的集成运放可以用来构成简单电压比较器。而专门设计的集成电压比较器具有高增益、快速、开环工作、无相位补偿等特点，其内部电路结构、工作原理都与集成运放十分相近。

【例 5-7】试分别用通用运放和通用电压比较器设计简单电压比较器并分析其性能。

1）搭建电路。

搭建的简单电压比较器如图 5-26 所示，其中，UA741CP 是通用运算放大器，LM111E 是通用电压比较器。

2）对电路做瞬态分析。

分析时长 200 μs。设置 Vref = 2 V，Vin 为方波，周期 60 μs、脉宽 30 μs、延迟 30 μs、低电平 0 V、高电平 3 V。

仿真结果如图 5-27 所示。UA741CP 构成的电压比较器其输出信号 Vo1 的跳变沿时间非常长，为 15～17 μs，而 LM111E 构成的电压比较器的输出信号跳变沿非常陡直。这是因为 UA741CP 内部有较大的相位补偿电容，其输出压摆率（即运放的转换速率）为 0.5 V/μs。LM111E 是专用的电压比较器，它不需要相位补偿，压摆率较高。所以，通常

【例5-7】简单电压比较器-输入为方波

需要高速运放来构成电压比较器，才能达到较高的工作速率。

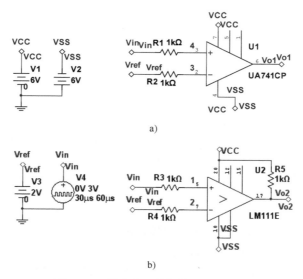

a)

b)

图 5-26　搭建的两种简单电压比较器
a）通用运放 UA741CP　b）通用比较器 LM111E

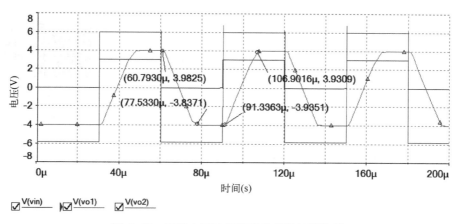

图 5-27　两种电压比较器输出信号波形比较

3）直流扫描分析。

对 Vin 进行直流扫描（DC Sweep）分析，扫描范围为 1.995~2.005 V，步长为 0.01 mV，仿真结果如图 5-28 所示。可见，UA741CP 的输出比 LM111E 的输出曲线陡直些，也就是说，由 UA741CP 构成的比较器比由 LM111E 构成的比较器更灵敏，这是因为 LM111E 在上拉电阻等于 1 kΩ 的条件下的开环电压增益比 UA741CP 的开环电压增益低。

提示：

实际比较器的开环增益不是无穷大，其输出状态的转换也不是突变的。输出电压由一个极限值跳变至另一个极限值的区域称为渡越区。渡越区边缘所对应的两个输入电压之差称为渡越电压，它的大小标志着比较器对于待比较电压差别的分辨能力，称为分辨率或灵敏度。显然，比较器的开环增益越大，其分辨率就越高。

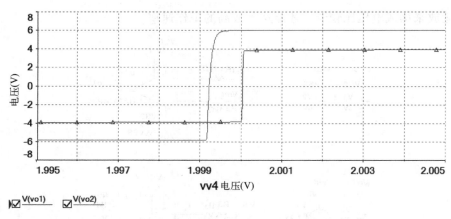

图 5-28　两种电压比较器的直流传输特性比较

4）将 Vin 改变为正弦信号，再对两种比较器做瞬态分析。

将其设置为 Offset value = 0 V，Amplitude = 2 V，Frequency = 1 kHz 的正弦信号。将参考电压信号源 V3 设为 0 V。进行瞬态分析，得到其输出曲线如图 5-29 所示。可以看出，此时的电压比较器将正弦波变成了方波。因此，可以将它看成波形变换器，也可以看作过零比较器。

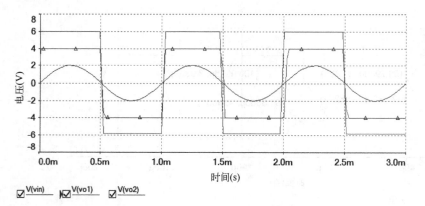

【例 5-7】简单电压比较器-输入为正弦波

图 5-29　输入为正弦信号时两种电压比较器的输出波形比较

5.3.2　窗口比较器的仿真

窗口比较器常用于自动测试系统、故障检测等场合。窗口比较器有两个阈值电压，分别为 U_{T1} 和 U_{T2}。在输入信号 u_I 从小变大过程中，当达到 U_{T1} 时，输出信号 u_O 发生第一次跳变，u_I 继续增大经过 U_{T2} 时，输出信号 u_O 发生第二次跳变；在输入信号 u_I 从大变小过程中，当达到 U_{T2} 时，输出信号 u_O 发生第一次跳变，u_I 继续减小经过 U_{T1} 时，输出信号 u_O 发生第二次跳变。也就是说，窗口比较器在输入信号单一方向变化过程中，输出信号会跳变两次。

【例 5-8】设计并仿真一直流电压监测电路。设计要求：监测结果用发光二极管指示，被监测直流电压 Vx 处于 [40 V，45 V] 的区间时，发光二极管发光，指示 Vx 的电压处于正常范围；超过此范围，则发光二极管熄灭。

1）搭建电路。

　　由于被监测的直流电压 Vx 很高，不能直接加至比较器的输入端，因此可用电阻分压器先将 Vx 降低，再用窗口比较器来判断输入电压的范围，然后利用驱动电路来驱动二极管做出相应的动作。搭建的电压监测电路如图 5-30 所示。

【例 5-8】直流电压监测电路设计

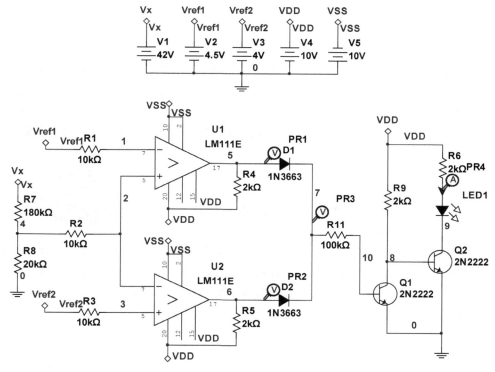

图 5-30　用于电压监测的窗口比较器

2）对该电路进行 DC 扫描分析。

Vx 的扫描范围为 [35 V, 50 V]，扫描步长为 0.5 V，仿真结果如图 5-31 所示。可以看

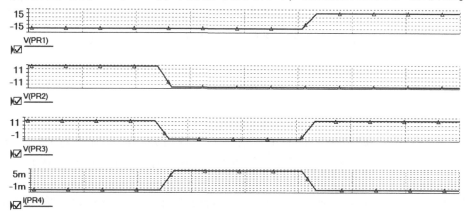

图 5-31　输入由小变大过程中，电压监测电路的直流传输特性

出，当 Vx 在 40~45 V 之间时，窗口比较器的输出（V（PR3））为低电平，此时晶体管 Q1 截止，Q2 饱和导通，LED1 上有正向电流（图中 I（PR4）所示），故 LED1 发光；当 Vx<40 V 或Vx>45 V时，窗口比较器输出为高电平，Q1 饱和导通，Q2 截止，LED1 上的电流近乎为 0，LED1 熄灭。

在输入信号的电压由大变小的过程中，可以得到和图 5-31 完全一致的直流传输特性曲线。

5.3.3 正峰值检波电路的仿真

峰值检波电路的功能是保留输入信号出现的最大值（如正弦波、三角波、不规则波形等的峰值）。其工作原理：在输入信号由小变大的过程中给电容充电，电容上电压逐渐升高到输入信号的最大值；在输入信号由大变小的过程中给电容放电，但由于放电电流小到可以忽略不计，可以认为电容是只充电而不放电的。因此，电容就能记录输入电压的最大值即峰值。

【例 5-9】设计一正峰值检波电路并仿真。

1）搭建电路。

设计的正峰值检波电路如图 5-32 所示，此处使用了比较器 LM111E 和集成运放 UA741CD。此电路由三部分组成：一是最基本的峰值检测电路，由比较器和 C1 组成，当比较器的同相端电压高于 Vin 时，对 C1 充电，C1 电压上升；二是由运放构成的电压跟随器，由于运放巨大的输入电阻（MΩ 级），对电容的放电电流可以忽略不计；三是 R3 和 VSS 构成的放电通路，但 R3 的阻值为 MΩ 级，其放电电流也可以忽略不计。

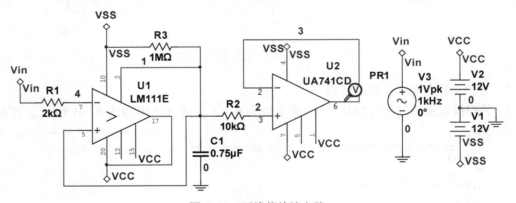

图 5-32　正峰值检波电路

2）对电路做参数扫描分析。

输入频率为 1 kHz、幅值为 1 V 的正弦信号，在瞬态分析的基础上对 C1 进行参数扫描。参数扫描设置对话框如图 5-33 所示，设置 C1 的值分别为 1 nF、10 nF、100 nF、1 μF 和 10 μF。

得到的输出波形如图 5-34 所示。可见，当 C1≥1.0 μF 时，电路可以对输入信号的峰值进行良好的保持，实现了对输入信号的正峰值检波。

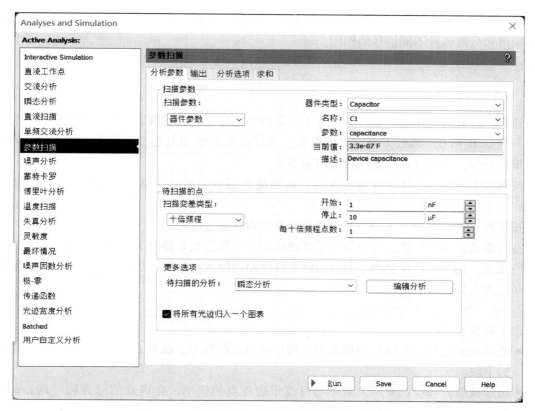

图 5-33　正峰值检波电路的参数扫描设置对话框

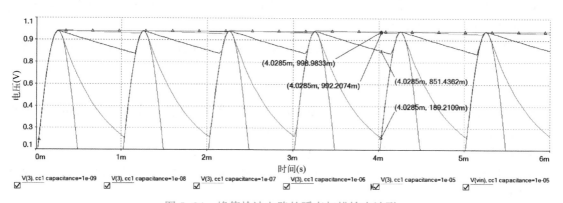

图 5-34　峰值检波电路的瞬态扫描输出波形

提示：

实现正峰值检波功能的电路必须具备两个要素：一是电容选取要合适，太小则放电快，太大则不能充电到峰值；二是电容的充电电流要远远大于其放电电流。

任务 5.4　有源滤波器的特性仿真

广义地说，滤波是一种信号选择过程。滤波器的输出是对输入特定选择的子集。滤波电

路的作用是进行选频传输，即有选择地增强、衰减和消除信号的谐波分量。滤波器能够起到滤除噪声和分离各种不同信号的作用。

5.4.1　滤波器简介

1. 滤波器的分类

通常，按有无使用有源器件，可分为无源滤波电路和有源滤波器。有源滤波器由无源网络（一般含 R 和 C）和放大电路共同组成。其优点是不使用电感，体积小，重量轻，可放大通带内信号，负载波动对滤波特性影响不大。

按其幅频特性，可分为低通滤波器、高通滤波器、带通滤波器、带阻滤波器和全通滤波器。

按处理信号的不同，可分为模拟滤波电路和数字滤波电路。

按有源滤波器的阶数，可分为一阶滤波电路、二阶滤波电路及高阶滤波电路。

特别地，按通带特征频率 f_0 附近的频率特性曲线形状的不同，可分为巴特沃斯型滤波电路、切比雪夫型滤波电路等。

2. 滤波器的主要特性指标

（1）特征频率

- 通带截频 $f_p = \omega_p/(2\pi)$ 为通带与过渡带边界点的频率，在该点，信号增益下降到规定的下限。
- 阻带截频 $f_r = \omega_r/(2\pi)$ 为阻带与过渡带边界点的频率，在该点信号衰耗（增益的倒数）下降到一个人为规定的下限。
- 转折频率 $f_c = \omega_c/(2\pi)$ 为信号功率衰减到 1/2（约 3 dB）时的频率，在很多情况下，常以 f_c 作为通带或阻带截频。
- 固有频率 $f_0 = \omega_0/(2\pi)$ 为电路没有损耗时，滤波器的谐振频率，复杂电路往往有多个固有频率。

（2）增益与衰耗

- 对低通滤波器，其通带增益 K_p 一般指 $\omega = 0$ 时的增益；对高通滤波器则指 $\omega \to \infty$ 时的增益；而对带通滤波器则指中心频率处的增益。
- 对带阻滤波器，应给出阻带衰耗，衰耗定义为增益的倒数。
- 通带增益变化量 ΔK_p 指通带内各点增益的最大变化量，如果 ΔK_p 以 dB 为单位，则指增益 dB 值的变化量。

（3）阻尼系数与品质因数

1）阻尼系数是表征滤波器对角频率为 ω_0 信号的阻尼作用，是滤波器中表示能量衰耗的一项指标。

2）阻尼系数的倒数称为品质因数 Q，是评价带通与带阻滤波器频率选择特性的一个重要指标。

$$Q = \omega_0/\Delta\omega$$

式中，$\Delta\omega$ 为带通或带阻滤波器的 3 dB 带宽；ω_0 为中心频率，在很多情况下中心频率与固有频率相等。

提示:

滤波器在通带内的增益并非常数。

5.4.2　一阶滤波电路的仿真

【例 5-10】试分析图 5-35 所示的一阶滤波电路的幅频特性。

1)在 Multisim 14.2 中绘制电路。

按"虚断"和"虚短"原则,对于图 5-35a 所示的同相输入滤波器,有 $A_V = 1 + R_3/R_1 = 2$ 和 $f_0 = 1/(2\pi R_2 C_1)$;对于图 5-35b 所示的反相输入滤波器,有 $A_V = -R_5/R_4 = -2$ 和 $f_0 = 1/(2\pi R_5 C_2)$。式中,A_V 为滤波器的电压放大倍数,f_0 为滤波器的特征频率。按图中各元器件参数可知,二者的电压放大倍数、特征频率应分别一致。

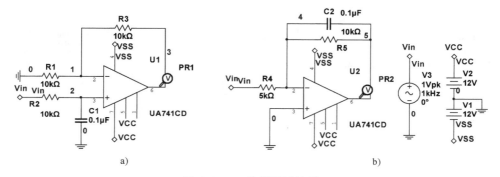

图 5-35　一阶低通滤波器

a)同相输入　b)反相输入

2)对电路进行 AC 扫描分析。

设定 Start frequency = 1 Hz,Stop frequency = 1 MHz,Sweep type 为 Decade(十倍频),每十倍频设置两个点,纵坐标单位为 Decibel,即 dB。得到图 5-36 所示的幅频特性曲线,在频率小于 30 kHz 时,二者的幅频特性曲线完全重合,证实了前面的理论分析。还可以看出,二者都为低通滤波器。

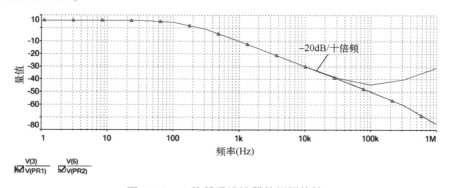

图 5-36　一阶低通滤波器的幅频特性

提示:

分贝(Decibel,dB)是两个相同量纲之数量比例的计量单位。分贝是较常用的计量单位,

可表示功率之比或场量之比。在表示功率量之比时，等于功率强度之比的常用对数的 10 倍，即 $10\log\dfrac{P_x}{P_y}$；在表示场量之比时，等于场强幅值之比的常用对数的 20 倍，即 $20\log\left|\dfrac{V_o}{V_i}\right|$。

【例 5-11】试分析图 5-37 所示一阶滤波电路的幅频特性。

【例 5-11】
一阶高通滤波
电路分析

1）在 Multisim 14.2 中绘制电路。

对于图 5-37a 所示的同相输入滤波器，有 $A_V = 1 + R_3/R_1 = 2$ 和 $f_0 = 1/(2\pi R_2 C_1)$；对于图 5-37b 所示的反相输入滤波器，有 $A_V = -R_5/R_4 = -2$ 和 $f_0 = 1/(2\pi R_4 C_2)$。式中，A_V 为滤波器的电压放大倍数，f_0 为滤波器的特征频率。按图中各元器件参数可知，二者的电压放大倍数、特征频率分别相一致。

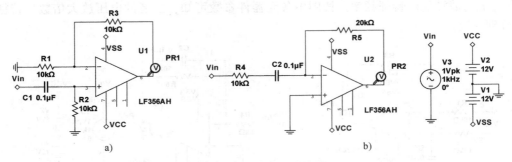

图 5-37　一阶高通滤波器

a）同相输入　b）反相输入

2）对电路进行 AC 扫描分析。

设置 Start frequency = 1 Hz，Stop frequency = 1 MHz，Sweep type 为 Decade（十倍频），每十倍频设置两个点，纵坐标单位为 Decibel，即 dB。得到图 5-38 所示的幅频特性曲线，可见，二者的幅频特性曲线完全重合，都为高通滤波器。

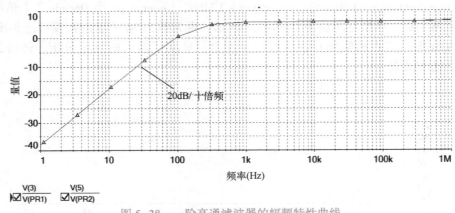

图 5-38　一阶高通滤波器的幅频特性曲线

5.4.3　二阶滤波电路的仿真

一阶滤波器虽然简单，但过渡带较宽，其幅频特性的最大衰减斜率仅为 20 dB/十倍频（对高通）或 -20 dB/十倍频（对低通）。因其对应通带外传输系数衰减慢，只适合通带外衰减特性要求不高的场合。为了加快对通带外信号的衰减，特引入二阶滤波器。

【例5-12】试分析图5-39所示二阶滤波电路的幅频特性。

1）在 Multisim 14.2 中绘制电路。

对于图5-39a 所示的二阶低通滤波器，有：$A_V = 1 + R_3/R_1 = 2$ 和 $f_0 = 1/(2\pi R_6 C_1)$；对于图5-39b 所示的二阶高通滤波器，有：$A_V = 1 + R_5/R_4 = 2$ 和 $f_0 = 1/(2\pi R_8 C_2)$。二者的 f_p 都为 $0.37 f_0$。式中，A_V 为滤波器的电压放大倍数，f_p 为截止频率，即信号幅值下降为通频带的 0.707 倍（-3 dB）时所对应的频率，f_0 为滤波器的特征频率。

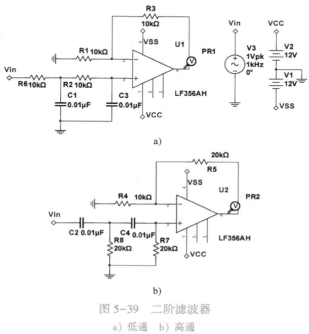

图 5-39　二阶滤波器

a）低通　b）高通

2）对电路做交流扫描分析。

仿真结果如图5-40 所示，其幅频特性的最大衰减斜率变为 40 dB/十倍频（对高通）或 -40 dB/十倍频（对低通），所以二阶滤波器对通带外信号的衰减变快很多。

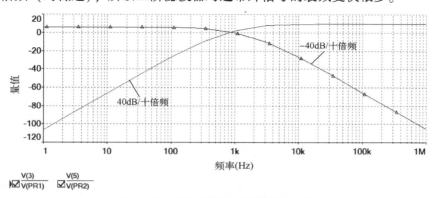

图 5-40　二阶滤波器的幅频特性曲线

但是，二阶低通滤波器的上限截止频率仅是一阶低通滤波器上限截止频率的 0.37。上限截止频率减小，意味着电路的通频带宽度下降。或者说是当频率等于固有频率时，信号的输出幅度衰减大。

若使 $f=f_0$ 附近的电压放大倍数数值增大，则可使 $f_p=f_0$，滤波特性趋于理想。引入正反馈，则可以增大电路在 f_0 点的放大倍数，即拓展二阶低通滤波器的通带宽度。

【例 5-13】试分析图 5-41a 所示的压控电压源二阶滤波器的幅频特性，并与图 5-41b 所示的普通二阶滤波器相比较。

【例 5-13】压控电压源二阶器分析

1）在 Multisim 14.2 中绘制电路。

在图 5-41a 中，既引入了负反馈（反相端），又引入了正反馈（同相端）。当信号频率趋于零时，由于电容 C2 的电抗很大，因而正反馈很弱；当信号频率趋于无穷大时，由于 C2 的电抗趋于零，因而正反馈很强。可以想象，只要正反馈引入得当，就既可能在 $f=f_0$ 时使电压放大倍数数值增大，又不会因正反馈过强而产生自激振荡。因为同相输入端电位控制着由集成运放和 R4、R5 组成的电压源，故称之为压控电压源滤波电路。

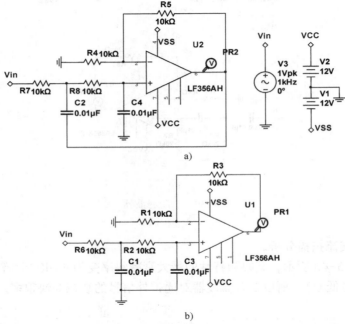

a)

b)

图 5-41　两种二阶低通滤波器

a）压控电压源二阶低通滤波器　b）普通二阶低通滤波器

2）对电路做交流扫描分析。

仿真结果如图 5-42 所示。可以看出压控电压源滤波电路对固有频率处信号的输出幅度有明显提升作用，这种现象被称为抬峰特性。

【例 5-14】试评估图 5-41a 中电阻 R5 的大小对电路抬峰特性的影响。

1）原理分析。

电子工程师对压控电压源滤波电路定义了一个等效品质因数 $Q=1/(3-Av)$。图 5-41a 所示电路中，$Q=R_4/(2R_4-R_5)$。随着 Q 的增大，固有频率处的输出幅值出现抬峰，抬峰的大小取决于 Q 值的高低。对于出现抬峰的特性，一般定义幅频特性从峰值回到起始 Av_0 时的频率为其截止频率。当 $Q=0.707$ 时，截止频率等于固有频率。

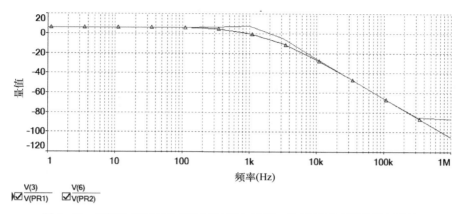

图 5-42　压控电压源二阶低通滤波器与普通二阶低通滤波器的幅频特性

可见，Q 的物理意义是 $f=f_0$ 时电压放大倍数与通频带放大倍数之比。Q 值越高，电路对元器件参数的变化越灵敏，稳定性越差。当 $Av=3$ 时，Q 为无穷大，电路出现自激振荡。为了防止自激振荡，Q 的值必须小于 3。实际上许多电路在设计时需要注意品质因数，因为它们的 Q 值高时灵敏度高，同时意味着它的稳定性变差。

2）对图 5-41a 中的 R5 进行参数扫描分析。

设置 R5 的阻值分别为 0.01 kΩ、10 kΩ、15 kΩ、18 kΩ。参数扫描分析的仿真设置对话框如图 5-43a 所示，在"待扫描的分析"右边下拉列表框里选择"交流分析"，并按图中所示设置相应参数。单击右边的"编辑分析"按钮，弹出图 5-43b 所示的"交流分析扫描"参数设置对话框，并按图中所示设置好参数。

a)

图 5-43　交流扫描与参数扫描联合分析的参数设置示意

a）参数扫描设置对话框

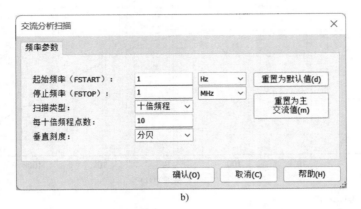

b)

图 5-43　交流扫描与参数扫描联合分析的参数设置示意（续）

b）交流分析扫描设置对话框

仿真所得波形如图 5-44 所示。可见，Q 值越大，抬峰特性越明显。

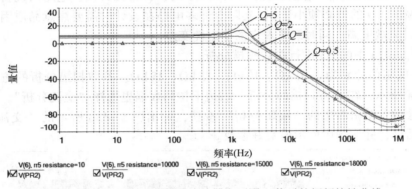

图 5-44　压控电压源二阶低通滤波器在不同 Q 值时的幅频特性曲线

当 R5 等于 $20\,k\Omega$ 时，Q 为无穷大，这时滤波电路会发生自激振荡。读者可以将信号源修改为 "PULSE_VOLTAGE" 类型，再进行仿真验证。

课后练习

【练 5-1】电路如图 5-45 所示。分别求下列情况下的输出电压 V_O：（1）R5 为 $2\,k\Omega$；（2）R5 为 $20\,k\Omega$；（3）R5 为 $2\,M\Omega$。

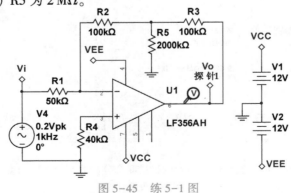

图 5-45　练 5-1 图

【练5-2】输入为 5 V、周期为 20 ms 的方波，试绘制图 5-46 所示电路的输出电压 Vo 的波形。

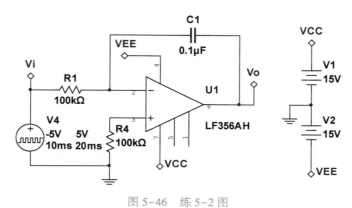

图 5-46　练 5-2 图

项目 6　波形信号产生与变换电路的仿真

项目描述

波形信号的产生与变换电路广泛应用于计算机、通信、雷达、电视、自动控制、遥测遥控、无线电导航和测量技术等领域。波形产生电路大体上可分为正弦波和非正弦波产生电路两大类，后者产生的信号通常称为脉冲波形（信号），它是一种具有高低电平相间的周期信号。

脉冲波形的获取方式有两种：一种是利用振荡电路直接产生，另一种是利用已有的周期性波形变换产生。本项目将介绍脉冲波形信号的产生电路和变换电路的特性仿真、原理分析及简单应用。

任务 6.1　半导体器件与逻辑门电路开关特性的仿真

在数字电路中，半导体二极管、晶体管和场效应晶体管一般工作在开关状态，其开关特性表现在导通与截止这两个状态之间的转换过程，这个转换过程需要一定的时间，因而会影响逻辑电路的工作速度。TTL 和 CMOS 反相器（非门）是构成各种逻辑电路的基础，本节分析它们的开关特性及主要的性能指标，加深对其工作原理及特性的理解。

6.1.1　半导体器件的开关特性仿真

半导体器件如二极管、晶体管、MOS 管等都具有开关特性。二极管的开关特性表现为正向电阻很小而反向电阻很大，晶体管的开关特性表现为集电极-发射极之间的饱和导通电压很小而截止电压比较大。

【例 6-1】双极性晶体管开关特性的仿真分析。

1）绘制电路。

在 Multisim 14.2 中生成如图 6-1 所示的晶体管反相器电路，这里选用型号为 2N2369 的

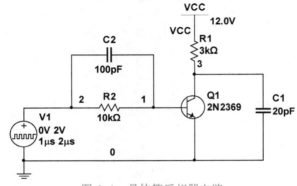

图 6-1　晶体管反相器电路

晶体管，并用脉冲信号源 V1 来产生激励信号。

2）对电路进行瞬态分析，分析时长 4 μs。分以下四种情况考察电路的开关特性。

① 设置 V1 为近似理想的方波信号源，其低电平 $V_{IL} = 0$ V、高电平 $V_{IH} = 2$ V、周期为 2 μs，上升时间和下降时间都为 1 ns。

在 C1 = 0、C2 = 0 时对电路做瞬态分析。由于输入信号的电平是 0 V 或 2 V，晶体管 Q1 工作于开关状态，理想情况下晶体管的输出应是与信号源反相的标准方波。而实际仿真所得集电极上的输出波形 V(3) 详见图 6-2a 所示，其上升时间 $t_r \approx 450$ ns，下降时间 $t_f \approx 340$ ns，

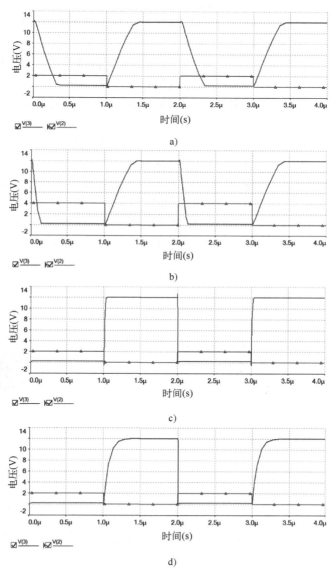

图 6-2　晶体管反相器的开关特性分析

a）$V_{IH} = 2$ V，C1 = 0 F，C2 = 0 F　b）$V_{IH} = 4$ V，C1 = 0 F，C2 = 0

c）$V_{IH} = 2$ V，C1 = 100 pF，C2 = 0 F　d）$V_{IH} = 2$ V，C1 = 100 pF，C2 = 20 pF

状态突变的进程都比较缓慢。

②　将 V_{IH} 提高到 4 V，V1 的其余参数不变，重复上述的瞬态分析。

仿真得到的波形如图 6-2b 所示。可见，当 V_{IH} 提高时，对 Q1 的开关时间有明显的影响，使其集电极 V(3) 的 t_f 由 340 ns 降低到约 130 ns。这是由于 V_{IH} 的提高，使晶体管正向驱动电流 I_b 加大，加快了基区内电荷存储的建立过程，致使 t_f 明显下降。

③　将 V_{IH} 降为 2 V，V1 的其余参数不变，在 R2 两端并联一只电容 C2 = 100 pF，重复上述的瞬态分析。

得到如图 6-2c 所示的波形。很明显，V(3) 波形的跳变沿大为缩短，V(3) 的上升时间 $t_r \approx 33$ ns，下降时间 $t_f \approx 3$ ns。这是由于电容 C2 上的电压不能突变，在输入电压 V_{IN} 跳变的瞬间，它相当于"短路"（将基极电阻 R2 旁路），即将 V1 的跳变电压直接加至晶体管 Q1 的基极，使晶体管正向和反向基极驱动电流大幅度地提高，晶体管的开关速度大为提高。故称 C2 为加速电容，接入加速电容是提高开关速度的有效方法。

④　在保持电容 C2 = 100 pF 的基础上，在输出端接上负载电容 C1 = 20 pF，再做瞬态分析。

得到如图 6-2d 所示的波形。与图 6-2c 比较，V(3) 的上升沿变缓（$t_r \approx 350$ ns），这是由于晶体管截止后，电源 VCC 要通过电阻 R1 给负载电容 C1 充电，使 V(3) 按指数上升（时间常数 = R1C1 ≈ 60 ns），所以上升变缓；另外，V(3) 的下降沿很陡（约为 1.6 ns），这是因为在晶体管截止时，输出为高电平（12 V），负载电容 C1 已充满电（极性上正下负），当 V_{IN} 跳变到 2 V 时，晶体管基极电流很大，而 C1 两端的电压不能突变，使晶体管处于放大状态，其集电极电流也很大，于是，电容 C1 大电流放电，V(3) 迅速下降，使晶体管很快进入饱和状态。

6.1.2　CMOS 反相器的开关特性仿真

CMOS 是单极性器件，与 TTL 电路相比，具有功耗小、噪声容限大、逻辑电平范围大等特点。

【例 6-2】CMOS 反相器的开关特性分析。

1）绘制电路。

搭建由真实 MOS 管构成的 CMOS 反相器电路如图 6-3a 所示，V1 为脉冲信号源，其低电平为 0 V、高电平为 5 V。

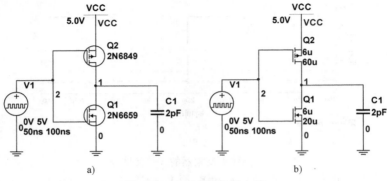

图 6-3　CMOS 反相器电路

a）真实 MOS 管　b）虚拟 MOS 管

2）对电路进行直流扫描分析，分别从输出信号的电压、电流变化情况来讨论。

用脉冲信号源 V1 做直流扫描分析（DC SW），设置 V1 延迟 10 ns、上升和下降时间都为 0.1 ns、周期 100 ns、脉冲宽度 50 ns，幅值范围 0~5 V，扫描步长 0.01 V，得到电路的直流传输特性，如图 6-4a 所示。

可见，电路输出信号的高电平值 $V_{OH}=5$ V、低电平值 $V_{OL}=0$。在 V(1)<V_{gsth1}（Q1 的栅源开启电压）时，Q1 截止，Q2 导通，输出电压 V(2)= VCC；在 V(1)>VCC-$|V_{gsth2}|$时，Q1 导通，Q2 截止，V(2)= 0；当 V_{gsth1}<V(1)<VCC-$|V_{gsth2}|$时，Q1、Q2 两晶体管同时导通。在 1 V≤V(1)≤4 V 时，两晶体管同时工作在饱和区，故曲线十分陡峭，可以认为 V(1)≈ 0.4VCC = 2.0 V 时，输出状态发生跳变，所以 CMOS 反相器的阈值电压 V_{th}≈ 0.4VCC（这个阈值电压也与 Q1、Q2 的宽长比正相关）。由于在阈值电压 V_{th}≈ 0.4VCC 附近传输特性曲线几乎垂直于横轴，因而其噪声容限较大，所以 CMOS 电路的抗干扰能力比 TTL 电路强。

图 6-4b 展示了 Q1、Q2 的漏极电流与 V(1)的关系，电流出现在 Q1、Q2 同时导通时刻，其最大值为 6.31 mA。但因为 Q1、Q2 工作在脉冲状态下，这个电流的持续时间很短，故其功耗仍非常小。

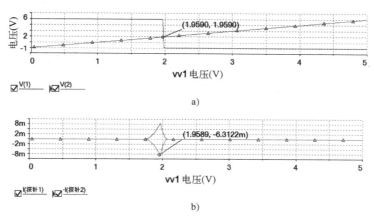

a)

b)

图 6-4　CMOS 反相器的直流传输特性

a) 输出信号电压随输入信号幅值的变化曲线　b) Q1、Q2 漏极电流随输入信号幅值的变化曲线

3）对电路进行瞬态分析。

首先，需要使用虚拟 MOS 管（位于元器件库 Transistors 组的 TRANSISTORS_VIRTUAL 系列中）MOS_N、MOS_P 分别替代图 6-3a 中的 Q1-2N6659、Q2-2N6849，其宽长比分别设置为 20μ/6μ、60μ/6μ，如图 6-3b 所示。设置 V1 为前面所述的理想方波，设置 C1 = 0 pF，对电路进行瞬态分析，得到图 6-5 所示的波形。可见，输出信号 V(2)几乎和输入信号 V(1)同时发生跳变，说明 MOS 管本身的开关时间很短，这是因为 MOS 管是单极性器件，它的电流是导电沟道中多数载流子的漂移运动形成的，管子本身导通或截止时电荷积累和消散的时间很短。

提示：

仿真时发现，若对由真实 MOS 器件 Q1-2N6659、Q2-2N6849 搭建的电路进行瞬态分析，电路不工作。读者可以自行验证。

其次，设 C1 = 2 pF，再进行瞬态分析，得到图 6-6 所示的波形。由图看出，V(2)的下

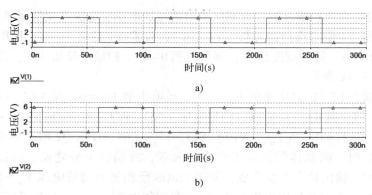

图 6-5　C1 = 0 pF 时 CMOS 反相器的输入、输出波形

a) 输入信号波形　b) 输出信号波形

降时间 $t_f \approx 38.5 \, \text{ns}$、上升时间 $t_r \approx 11.5 \, \text{ns}$。在 V(1) 从 0 跳变到 5 V 后，Q1 导通，Q2 截止，电容 C1 通过 Q1 放电，最大放电电流 I_D（Q1）约 0.8 mA，使输出 V(2) 电压下降；当 V(1) 从 5 V 跳变到 0 V 后，Q1 截止，Q2 导通，电源 VCC 通过 Q2 对电容 C1 充电，最大充电电流 I_D（Q2）约为 2.5 mA，使 V(2) 上升。两管的放电、充电电流大小不同，故 V(2) 对应的 t_r、t_f 也不一样（见图），电流大则时间短、电流小则时间长。

　　另外，从电流波形可以看出，CMOS 反相器在状态转换期间，两管同时导通，产生较大的充放电电流；如果输出端接有负载电容 C1，其充放电电流较大，且作用时间较长，因此，它的动态功耗不能忽略。

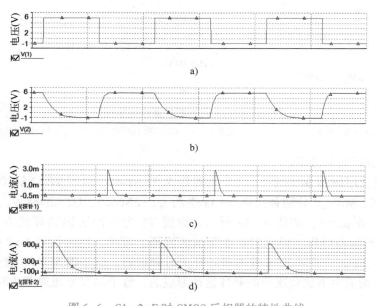

图 6-6　C1 = 2 pF 时 CMOS 反相器的特性曲线

a) 输入信号波形　b) 输出信号波形　c) PMOS 漏极电流　d) NMOS 漏极电流

提示：

如图 6-7a 所示，在仿真结果的"图示仪视图"中，单击"曲线图"→"从最近的仿真

结果中添加光迹", 选中"至新曲线图 (T)", 依次单击"添加"按钮, 选中变量框中"V(1)", 单击"将变量复制到表达式"; 再依次单击"添加"按钮, 选中变量框中"V(2)", 单击"将变量复制到表达式", 如图 6-7b 所示, 单击"计算"按钮, 可以将同一次仿真中不同类型的曲线分离, 用不同的坐标系展示出来, 分离后的效果如图 6-4 所示。

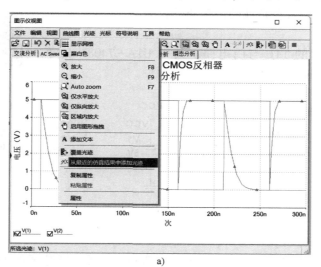

a)

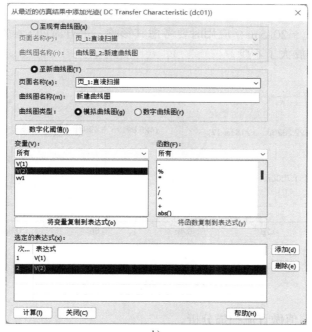

b)

图 6-7　从最近的仿真结果中添加曲线

a) 在"图示仪视图"界面中的设置　b) 添加新曲线对话框

6.1.3　TTL 与门的开关特性仿真

TTL 器件采用双极性工艺制造，和 CMOS 器件比较起来，它具有高速、功耗较大等特点。

【例 6-3】 TTL 与门开关特性的仿真分析。

【例 6-3】
TTL 与门开关
特性分析

1）绘制电路。

绘制图 6-8 所示的 TTL 与门电路，其中 U1A-7408N 位于 "Group：TTL 的 All families" 中。

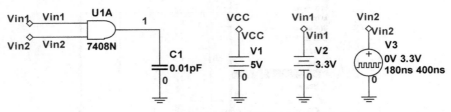

图 6-8　TTL 二输入端与门开关特性的仿真电路

2）对电路做瞬态分析。

分析时长 1.0 μs。设 Vin1 = 3.3 V，Vin2 为脉冲信号源，脉冲宽度 180 ns、周期 400 ns，低电平 0 V、高电平 3.3 V，延迟、上升时间、下降时间都为 1 ns。仿真所得波形如图 6-9 所示。可见，输出延迟 $t_d \approx 20.5$ ns，应用时要考虑其影响。上升时间 $t_r \approx 7.6$ ns、下降时间 $t_f \approx 3.6$ ns，都比输入信号放大了不少。

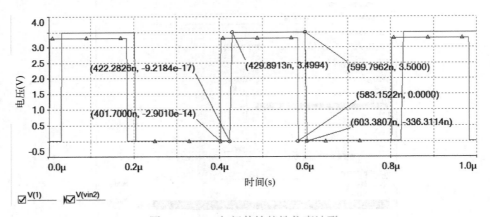

图 6-9　TTL 与门传输特性仿真波形

3）针对 Vin2 的幅值做直流扫描分析。

设 Vin 的幅值位于 [0 V, 5 V]，步长 0.01 V，得到图 6-10 所示的波形。可见，当输入 Vin2 ≤ 0.76 V 时，Vout ≈ 0.0 V 为低电平；当 Vin2 ≥ 0.76 V 时，Vout 状态跳变，Vo ≈ 2.5 V；当 Vin2 ≥ 1.6 V 时，Vout 状态跳变，Vout ≈ 3.5 V。所以，为保证 TTL 逻辑门工作可靠，一般要求其输入低电平应 <0.7 V、输入高电平应 >2.0 V。

【例 6-3】
TTL 与门直流
扫描分析

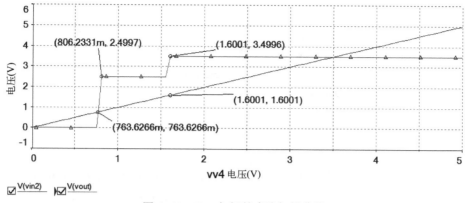

图 6-10　TTL 与门的直流扫描曲线

任务 6.2　单稳态触发器特性的仿真

前面已述及，脉冲波形是高低电平相间的周期信号，其高电平可记为"1"，低电平可记为"0"。若其 0 态或 1 态在没有外加信号作用时会一直被保持，则该状态被称为"稳态"；若其 0 态或 1 态在没有外加信号作用情况下经过一定时间后，会自动跳转到另一个状态，则该状态被称为"暂稳态"。

单稳态电路，也称单稳态触发器，其产生的脉冲信号只有一个稳定状态（稳态）。在没有外加信号触发时，电路一直处于稳态；而在有外加信号触发时，它从稳态翻转到暂时稳定状态（暂稳态）；暂稳态经过一定时间后，电路会自动返回稳态。暂稳态维持时间取决于电路本身的参数，与触发信号无关。

单稳态触发器的电路形式很多，可以由晶体管、门电路、集成运放、电压比较器、集成单稳态触发器等组成。单稳态触发器是一种重要的波形处理电路，通常用来实现定时、延时、波形整形等，因此得到广泛的应用。

6.2.1　搭建由门电路构成的单稳态触发器并仿真

单稳态触发器的暂稳态通常是由 RC 电路的充放电过程来实现的。根据 RC 电路中电容 C 在暂稳态维持过程中是被充电还是被放电，把单稳态触发器分为微分型单稳态触发器和积分型单稳态触发器。

【例 6-4】积分型单稳态触发器的仿真分析。

1）绘制电路。

绘制图 6-11 所示的积分型单稳态电路。其中 Vo 为电气连接符，类似端口标号，可从"绘制（P）"菜单中选取，其放置路径为"绘制"→"连接器"→"在页连接器"。

【例 6-4】积分型单稳态触发器分析

2）积分型单稳态触发器的工作原理分析。

若 $V(1) = 0$，则 $Vo = V_{OH}$。同时，$V(2)$ 为高电平，通过 R1 给 C1 充电，$V(3)$ 逐渐升高。但只要 $V(1) = 0$，则 U1A 始终输出低电平，故 $Vo = V_{OH}$ 是稳态。

若 $V(1)$ 跳变为高电平，则 $V(2)$ 跳变为低电平。但由于 C1 上的电压不能突变，所以在

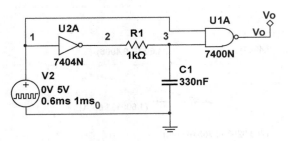

图 6-11　积分型单稳态电路

一段时间里 V(3) 都将维持在 U1A 跳变阈值电压 V_{TH} 之上。若 V(1) 跳变为高电平，在一段时间里，U1A 的两个输入端同时高于跳变阈值电压 V_{TH}，使得 $Vo = V_{OL}$，同时，C1 开始放电。V(3) 因 C1 放电而逐渐降低，当 V(3) 降到低于 V_{TH} 时，U1A 状态会再次跳变为高电平。所以，$Vo = V_{OL}$ 是暂稳态。

3）对积分型单稳态触发器做瞬态分析。

分析时长 3 ms。设置触发信号源 V2-PULSE_VOLTAGE 的波形：初始值 0 V、脉冲值 5 V、延时 0 ns、上升时间 1 ns、下降时间 1 ns、脉冲宽度 0.6 ms 和周期 1 ms。触发脉冲 V(1)、电容器波形 V(3) 和触发器输出信号 V(Vo) 的仿真波形如图 6-12 所示。

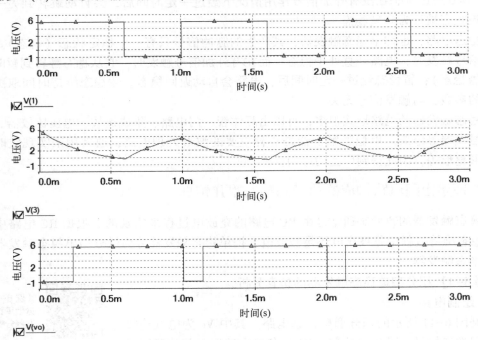

图 6-12　积分型单稳态电路的仿真波形

提示：

请读者自行验证积分型单稳态触发器与微分型单稳态触发器的特性差异。与微分型单稳态触发器相比，积分型单稳态触发器具有抗干扰能力较强的优点；但由于正反馈机制的缺失，所以积分型单稳态触发器的输出信号波形的边沿（上升沿、下降沿）较差。

6.2.2　集成单稳态触发器的特性仿真

集成单稳态触发器一般都增加了上升沿与下降沿触发控制及清零功能,在使用时只需要很少的外接元器件和连线,应用十分方便、范围广。另外,集成单稳态触发器各元器件单片集成且采用了温度补偿技术,所以其温度稳定性比较好。

目前使用的集成单稳态触发器分为可重复触发型和不可重复触发型。不可重复触发型一旦被触发进入暂稳态之后,再加入触发脉冲就不会起作用,必须在暂稳态结束之后,它才能接收下一个触发脉冲而转入暂稳态,74121、74221 等都是不可重复触发型。可重复触发型单稳态触发器,在被触发而进入暂稳态之后,若再次加入触发脉冲,电路将重新被触发,使输出脉冲再继续维持一个暂稳态,74122、74123 等都属于可重复触发型。

【例 6-5】集成单稳态触发器 SN74123N 的仿真分析。

1)绘制电路。

构建图 6-13 所示的电路图,其中,SN74123N 位于 "Mixed 组的 MULTIVIBRATORS 系列" 中。

【例 6-5】集成单稳态触发器 SN74123N 的分析

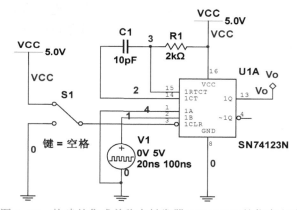

图 6-13　构建的集成单稳态触发器 SN74123N 的仿真电路

2)集成单稳态触发器 SN74123N 的功能认知。

集成单稳态触发器 SN74123N 内部包含两个独立的单稳态触发器,如图 6-14 所示。其输出脉冲暂稳态的持续时间主要由外接的电阻 (RT) 和电容 (CT) 决定。CLR 是清零信号,低电平有效,有效时立即终止暂稳态过程,输出端返回低电平状态。A、B 是触发信号,A 为下降沿触发端,B 为上升沿触发端,三者共同决定了 SN74123N 状态的跳转,Q 和 $\overline{Q}$ 是一

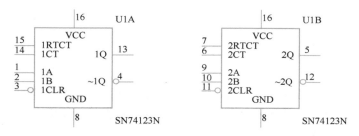

图 6-14　SN74123N 内部包含两个独立的单稳态触发器

对互补的输出信号。其功能汇总于表 6-1，可见，它具有异步清零、稳态保持、触发后从稳态跳变为暂稳态、可重触发及暂稳态保持等功能。

表 6-1 集成单稳态触发器 SN74123N 的功能表

输　入			输　出		功 能 说 明
CLR	A	B	Q	$\overline{Q}$	
0	×	×	0	1	清零
×	1	×	0	1	保持，稳态
×	×	0	0	1	保持，稳态
1	0	⤒	⎍	⎌	触发，暂稳态
1	⤓	1	⎍	⎌	触发，暂稳态
⤒	0	1	⎍	⎌	保持，暂稳态

3）对电路做瞬态分析。

分析时长 280 ns。脉冲信号源 V1 为触发信号，设置其低电平为 0 V、高电平为 5 V，周期 100 ns、脉宽 20 ns，延迟 10 ns、上升时间和下降时间都为 1 ns。在 1CLR 端接高电平、1A 端接地情况下所得波形如图 6-15 所示。

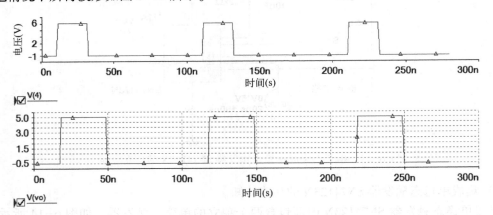

图 6-15 集成单稳态触发器 SN74123N 的仿真波形

可见，在 C1 = 10 pF、R1 = 2 kΩ 的情况下，暂稳态（高电平）维持约 32 ns 后自动跳转到稳态（低电平），改变 C1 或 R1 的值会改变暂稳态维持时间。同时，输出信号 Vo 较之触发信号有大约 8 ns 的延迟。

任务 6.3　多谐振荡器特性的仿真

矩形波中含有丰富的高次谐波分量，所以习惯上把能产生矩形脉冲的自激振荡电路称为多谐振荡器。它没有稳态，只有两个暂稳态，不用外加触发信号便能在两个暂稳态之间相互跳转，输出连续的脉冲波形，常用作脉冲信号源。

多谐振荡器的电路形式很多，但它们都有以下共同点：一是都包含开关器件（如电压比较器、模拟开关、门电路、定时器、晶体管等）以改变输出状态；二是必须有反馈网络，以便将输出电压恰当地反馈给开关器件，使之改变输出状态；三是要有延迟环节以获得所需的振荡周期。在许多应用电路中，延迟环节和反馈网络是合在一起的。

从电路结构来看，多谐振荡器可分为对称式振荡器、非对称式振荡器和环形振荡器等，下面以对称式结构为例，说明多谐振荡器的工作原理及仿真分析方法。

6.3.1 对称式多谐振荡器的仿真

【例6-6】对称式多谐振荡器的原理认知。

图6-16所示电路是对称式多谐振荡器的典型结构，它是由两个反相器经两个耦合电容连接起来的正反馈振荡回路。

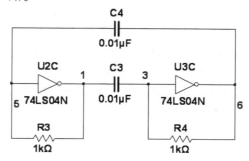

图 6-16 对称式多谐振荡器

接通电源后，若由于某种原因，比如电源波动或外界干扰，则 V(5)迅速上升，进而引起如下正反馈过程：

$$V(5)\uparrow \rightarrow \ V(1)\downarrow \rightarrow \ V(3)\downarrow \rightarrow \ V(6)\uparrow$$

使 V(1)迅速跳变为低电平、V(6)迅速跳变为高电平，电路进入第一个暂稳态。同时，节点 5 借助 R3、节点 6 借助 R4 共两条支路给电容 C3 充电，而电容 C4 开始放电。由于是两条支路充电，故 V(3)首先上升到 U3C 的阈值电压，并引起如下正反馈过程：

$$V(3)\uparrow \rightarrow V(6)\downarrow \rightarrow V(5)\downarrow \rightarrow V(1)\uparrow$$

使 V(6)迅速跳变为低电平而 V(1)迅速跳变为高电平，电路进入第二个暂稳态。同时，电容 C4 开始充电，而节点 5 借助 R3、节点 6 借助 R4 共两条支路给电容 C3 放电。当 V(5)上升到 U2C 的阈值电压电路又将迅速跳变为第一个暂稳态。因此，电路便不停地在两个暂稳态之间往复振荡，在输出端就产生了矩形脉冲信号。

该矩形脉冲信号的周期 T 可由下式近似计算，其中 R 为两个相同电阻的电阻值、C 为两个相同电容的电容值。

$$T \approx 1.3RC$$

【例6-7】对称式多谐振荡器的仿真分析。

1）绘制电路。

在 Multisim 14.2 的原理图编辑器界面中创建如图 6-17 所示的电路。其中 TTL 非门 74LS04N 位于 "TTL 组的 74LS 系列" 中。

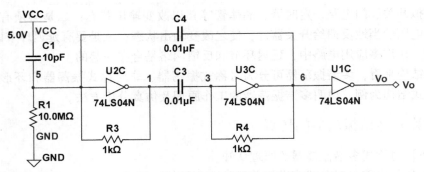

图 6-17　搭建的对称式多谐振荡器的仿真电路

2）在对电路进行瞬态分析前，还需要做两个准备动作：

一是为了使数字非门在构成的数/模混合电路在仿真时能正常工作，选择菜单"仿真（Simulate）"→"混合模式仿真设置（Mixed-mode simulation settings）"命令，在弹出的对话框中选中"使用真实引脚模型（Use real pin models）"选项。

二是 Multisim 软件只提供门电路的数字逻辑，故图中的非门不可以偏置到线性放大区。为使电路起振，特附加由 C1 和 R1 所构成的微分电路，详见图 6-17。上电时，微分电路相当于给节点 5 添加了一个阶跃脉冲，刺激多谐振荡器起振。

3）对电路做瞬态分析。

仿真所得各节点的电压波形如图 6-18 所示。待波形正常后，可以测得其振荡周期 $T \approx$ 13.2 μs，故振荡频率 $f \approx 76.8$ kHz。与理论计算相比，周期的相对误差率为 1.51%。由图可以看出：

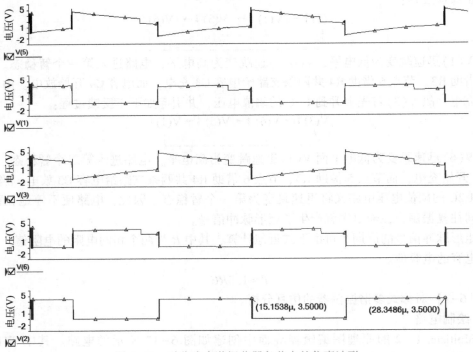

图 6-18　对称式多谐振荡器各节点的仿真波形

● 开始 0~3.0 μs 的波形不正常。

这个时间段里的仿真波形包含了一开始持续约 22 ns 的高频振荡波形，和持续近 3.0 μs 的低电平（针对节点 5 和 6 而言）。这是由 Multisim 软件相关的模拟算法所造成的。

● 节点 6 的电压波形呈阶梯状。

原因在于 Multisim 软件只提供门电路的数字逻辑，而不提供工作在线性放大区时的仿真模型。可以对图 6-17 中使用的 74LS04N 非门做直流扫描分析，会得到阶梯状的电压传输特性曲线。在节点 6 上再串联一级非门，会显著改善输出信号的波形，这可由图 6-18 中节点 2 的电压波形 V(2) 所证实。

6.3.2　搭建由 555 定时器组成的多谐振荡器并仿真

555 定时器是一种多用途的数/模混合集成电路，利用它能极方便地构成施密特触发器、单稳态触发器和多谐振荡器。由于使用灵活、方便，所以 555 定时器在波形的产生与变换、测量与控制、家用电器、电子玩具等许多领域都得到了广泛的应用。

555 定时器的内部结构如图 6-19 所示。3 个 5 kΩ 的电阻串接于电源和地线之间，它由此而得名。此外，它主要由比较器 C1A 和 C2A、基本 RS 触发器（由图中的 U1A、U2A 和 U3A 构成）和集电极开路的晶体管 TD 等组成。经分析可知，如果能使比较器 C1A 和 C2A 产生的低电平信号交替地反复出现，则该 555 定时器就可以实现多谐振荡器的功能。

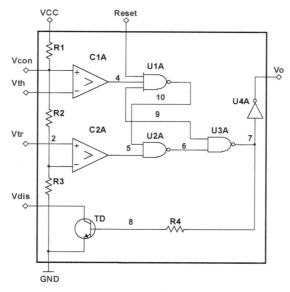

图 6-19　555 定时器的内部结构

【例 6-8】搭建由 555 定时器组成的多谐振荡器并进行仿真分析。

1）搭建仿真电路。

在电源和地线之间依次串接 R2、R1 和 C2 回路，将 555 定时器的 THR 和 TRI 两个输入端连在一起接入 R1 和 C2 之间，用作两个内部比较器的触发端，由 555 定时器接成的多谐振荡器如图 6-20 所示。为了稳定两个内部比较器的参考电压，通常在 CON 端串接 0.01 μF 的电容。

【例 6-8】由 555 定时器构成的多谐振荡器

2）电路工作原理的认知。

① 上电时，由于电容上的电压不能突变，电源经过 R1、R2 对 C2 充电，C2 上的电压逐渐升高。

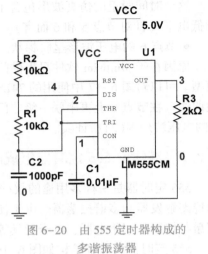

- 当 $V(2) < \frac{1}{3}VCC$ 时，内部的两个比较器 C1A、C2A（见图 6-19）的输出电平 $v_{c1A} = 1$、$v_{c2A} = 0$，故 $V(3) = 1$，同时，放电管 TD 截止；

- 当 $\frac{1}{3}VCC < V(2) < \frac{2}{3}VCC$ 时，$v_{c1A} = 1$、$v_{c2A} = 1$，故 $V(3) = 1$，同时，放电管 TD 截止；

- 当 $V(2) > \frac{2}{3}VCC$ 时，$v_{c1A} = 0$、$v_{c2A} = 1$，故 $V(3) = 0$，同时，放电管 TD 导通，C2 通过 TD 开始放电，故充电时电容 C2 上的最高电压为 $\frac{2}{3}VCC$。

图 6-20　由 555 定时器构成的多谐振荡器

② 放电时，放电管 TD 导通时，C2 上的电压逐渐降低。

- 当 $\frac{1}{3}VCC < V(2) < \frac{2}{3}VCC$ 时，$v_{c1A} = 1$、$v_{c2A} = 1$，故 $V(3) = 0$，同时，放电管 TD 导通；

- 当 $V(2) < \frac{1}{3}VCC$ 时，$v_{c1A} = 1$、$v_{c2A} = 0$，故 $V(3) = 1$，同时，放电管 TD 截止；故放电时电容 C2 上的最低电压为 $\frac{1}{3}VCC$。

由以上分析可知，电路起振后，由于充放电关系，电容 C2 上的电压在 $\left[\frac{1}{3}VCC, \frac{2}{3}VCC\right]$ 之间往复变化，555 定时器的 OUT 端就输出周期性的矩形脉冲。

3）对电路做瞬态分析。

对电路做瞬态分析，分析时长为 90 μs，得到电容 C2 和 OUT 端的电压波形，如图 6-21 所示。图中标注了各关键点的坐标，可以看出：

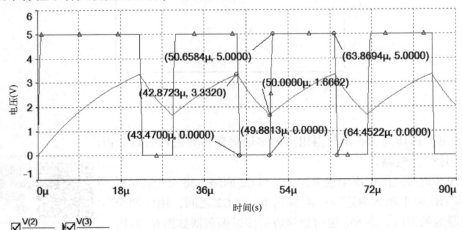

图 6-21　由 555 定时器构成的多谐振荡器各节点的电压波形

- 电容 C2 上的最小电压、最大电压分别为 1.67 V 和 3.33 V，这分别对应了两个比较器的参考电压 $\frac{1}{3}$VCC 和 $\frac{2}{3}$VCC。

- 输出矩形波的周期 T 约为 20.9 μs。其高低电平持续时间分别可由 $T_{HW} = $（R1 + R2）C2ln2、$T_{LW} = $R1C2ln2 计算，$T = T_{HW} + T_{LW}$，计算得出的周期约为 20.8 μs，仿真所得与计算所得基本一致，误差主要来自读数。

- 将 R2 设置为可变电阻，则输出占空比可调的矩形波信号。

任务 6.4　施密特触发器特性的仿真

施密特触发器又称滞回比较器，是脉冲波形变换中常用的一种电路，它有如下特点。
- 它的 0 态和 1 态都是稳态，故要使其状态发生改变，就必须添加触发信号进行触发；
- 触发信号幅值在从低到高的上升过程中，电路状态转变时刻对应的触发信号电平，与触发信号幅值在从高到低的下降过程中，电路状态转变时刻对应的触发信号电平是不一样的。前者称为正向阈值电压，记为 U_{T+}；后者称为反向阈值电压，记为 U_{T-}，其差值 $\Delta U_T = U_{T+} - U_{T-}$，称为回差电压。

6.4.1　搭建由 MOS 反相器构成的施密特触发器并仿真

【例 6-9】搭建由 MOS 反相器构成的施密特触发器并仿真。

1）搭建电路。

由于 Multisim 软件并不提供逻辑门电路的线性区仿真模型，这里采用软件库中虚拟 MOS 管来搭建 CMOS 反相器的方法。搭建

【例 6-9】由 MOS 反相器构成的施密特触发器

的由两级 MOS 反相器串联构成的施密特触发器的仿真电路如图 6-22 所示，同时，通过分压电阻 R2 把输出端电压反馈到输入端，是正反馈。为改善输出信号波形，多加了一级由 Q5/Q6 构成的反相器。图中所有 MOS 管的宽长比都为 30u/5u，仿真测得各级反相器的阈值电压都约为 $\frac{1}{2}$VDD。

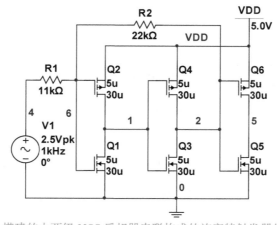

图 6-22　搭建的由两级 MOS 反相器串联构成的施密特触发器的仿真电路

2）电路工作原理的认知。

当 V1 逐渐升高并达到第一级反相器的阈值电压 V_{TH} 时，第一级反相器进入了电压传输特性的转折区（MOS 管工作于放大区），故 V1 的增加引起了如下正反馈：

$$V1\uparrow \rightarrow V(1)\downarrow \rightarrow V(2)\uparrow$$

于是电路输出 V(2) 迅速跳变为高电平。由此便可求出 V1 上升过程中电路状态发生转换时对应的输入电平 $U_{T+} \approx \left(1+\dfrac{R1}{R2}\right)V_{TH}$，其中，$V_{TH}$ 为单个反相器的阈值电压。

当 V1 从高电平逐渐降低并达到第一级反相器的阈值电压 V_{TH} 时，第一级反相器进入了电压传输特性的转折区（MOS 管工作于放大区），故 V1 的降低引起了如下正反馈：

$$V1\downarrow \rightarrow V(1)\uparrow \rightarrow V(2)\downarrow$$

于是电路输出 V(2) 迅速跳变为低电平。由此便可求出 V1 下降过程中电路状态发生转换时对应的输入电平 $U_{T-} \approx \left(1-\dfrac{R1}{R2}\right)V_{TH}$。于是，电路的回差电压为

$$\Delta U_T = U_{T+} - U_{T-} \approx 2\frac{R1}{R2}V_{TH}$$

3）对电路做瞬态分析。

对电路做瞬态分析，分析时长 3 ms。电源电压设置为 5 V，激励源 V1 设置为 1 kHz、幅值 5 V、直流偏移值 2.5 V 的交流电压源（正弦波），仿真结果如图 6-23 所示。可见，其 $U_{T+} \approx 3.40\,V$、$U_{T-} \approx 1.57\,V$，故 $\Delta U_T \approx 1.83\,V$。与理论计算值存在显著差异，其原因一是 MOS 管的模型不精确，二是电阻 R1 对输入信号有分压作用。

两级反相器输出信号 V(2) 的上升时间和下降时间分别约为 $32.4\,\mu s$、$37.3\,\mu s$，可见其状态改变并不迅速。同时，信号 V(2) 的高、低电平幅值分别在其保持时间范围内有起伏，这需要多加一级反相器对波形进行整形，详见图中 V(5) 的波形。尽管 V(5) 的上升沿和下降沿形状未得到有效改善，但其高、低电平值十分稳定，形状十分平直。

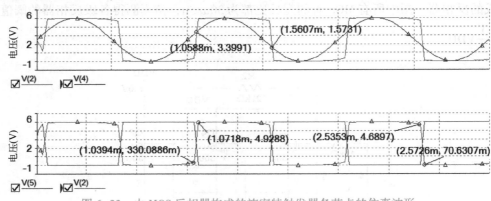

图 6-23　由 MOS 反相器构成的施密特触发器各节点的仿真波形

6.4.2　搭建由 555 定时器构成的施密特触发器并仿真

【例 6-10】搭建由 555 定时器构成的施密特触发器并仿真。

1）搭建电路。

将 555 定时器的 THR 和 TRI 两个输入端连在一起作为触发信号的输入端，如图 6-24 所

示,即可得到施密特触发器。

2)电路工作原理认知。

【例 6-10】由 555 定时器构成的施密特触发器

由于 555 定时器的两个电压比较器 C1A 和 C2A 的参考电压不同,本例中 CON 悬空,故 C1A 和 C2A 的参考电压分别为 $\frac{1}{3}$VCC 和 $\frac{2}{3}$VCC。

在输入信号逐渐升高到 $\frac{2}{3}$VCC 时,比较器 C1A 输出 0,进而将触发器置 0,故 Vo 输出低电平;在输入信号逐渐下降到 $\frac{1}{3}$VCC 时,比较器 C2A 输出 0,进而将触发器置 1,故 Vo 输出高电平;而当输入信号位于 $\left[\frac{1}{3}VCC, \frac{2}{3}VCC\right]$ 时,无论输入信号处于上升还是下降过程,比较器 C1A 和 C2A 都输出高电平,触发器保持此前的状态不变,故 Vo 保持当前的状态不变。

3)对电路做瞬态分析。

对电路做瞬态分析的分析时长为 3 ms,仿真结果如图 6-25 所示。输入信号由函数信号发生器产生幅值为 10 V、频率为

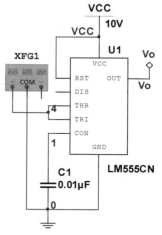

图 6-24 用 555 定时器构成的施密特触发器

1 kHz 的正弦波,电源电压 10 V。仿真所得的 $U_{T+} \approx 6.62$ V、$U_{T-} \approx 3.42$ V,故 $\Delta U_T \approx 3.20$ V,与理论计算值 6.66 V、3.33 V 和 3.33 V 十分一致,差异主要来自读数时坐标点定位不够精确。另外,可以看出,输出信号的上升沿、下降沿都十分陡峭,波形形态良好。较之之前用自制的 CMOS 反相器构造的施密特触发器,利用 555 定时器制作的施密特触发器性能表现要优异得多。

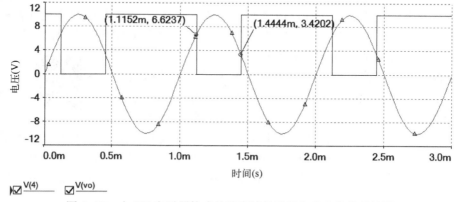

图 6-25 由 555 定时器构成的施密特触发器各节点的仿真波形

任务 6.5 正弦振荡电路特性的仿真

正弦振荡电路是一种自激振荡电路,是在没有外加激励信号的情况下,仅依靠自激振荡而产生正弦波信号的电路。正弦振荡器在测量、遥控、通信、自动控制等电子技术领域有着

广泛的应用，它通常用作信号源，是系统中不可缺少的重要组成部分之一。

正弦振荡器的种类很多，按振荡器中有源器件的特性和形成振荡的原理来分类，可以分为反馈式振荡器和负阻式振荡器两大类。前者是利用有源器件和选频网络根据正反馈原理组成的振荡电路；后者是将具有负阻特性的有源器件直接与谐振电路相连接形成的振荡电路。在反馈式振荡器中，按照选频网络的元件类型，又可分为 RC 振荡器和 LC 振荡器。另外，利用运算放大器构成的各种正弦波和非正弦波振荡器也有相当广泛的应用。常见的几种振荡器汇总于表 6-2。本节将重点介绍一些常用的 LC、RC 及负阻振荡器特性的仿真分析方法及其工作原理。

表 6-2 几种振荡器的电路、频率比较

电路类型	电容反馈型 （考比兹）	电容串联改进型 （克拉泼）	电容并联改进型 （西勒）	电感反馈型 （哈特雷）
原理图				
振荡频率	$f_0 = \dfrac{1}{2\pi\sqrt{LC_\Sigma}}$	$\dfrac{1}{C_\Sigma} = \dfrac{1}{C_1} + \dfrac{1}{C_2}$	$\dfrac{1}{C_\Sigma} = \dfrac{1}{C_1} + \dfrac{1}{C_2} + \dfrac{1}{C} \approx \dfrac{1}{C}$	$C_\Sigma = C + C_3$	$L = L_1 + L_2 + 2M$

注：公式中 C_1、C_2、C_3 分别表示图中电容 C1、C2、C3 的电容；L_1、L_2 分别表示图中电感 L1、L2 的电感量，后同。

6.5.1 LC 振荡器特性的仿真

LC 三点式振荡器是电子系统中应用最为广泛的一类振荡电路。典型的 LC 三点式振荡器有电容反馈型（考比兹电路）、电容串联改进型（克拉泼电路）、电容并联改进型（西勒电路）、电感反馈型（哈特雷电路）等。表 6-2 列出了上述几种振荡电路的原理图、振荡频率等。

【例 6-11】电容反馈三点式振荡器的仿真分析。

电容反馈三点式振荡电路的特点是输出波形较好。该电路的反馈是通过电容支路实现的，可以减弱由非线性产生的高次谐波的反馈，所以输出的谐波分量较小。另外，振荡管的结电容是与

【例 6-11】
电容反馈三点
式振荡器分析

回路电容并联的，适当加大回路电容可以提高频率的稳定性。而且，当工作频率要求较高时，甚至可以利用振荡管的结电容作为回路元件，因此，这种电路的工作频率较高。下面通过实例来研究电容反馈三点式振荡电路中晶体管模型参数对振荡器起振和频率稳定性的影响。

1）搭建电容反馈三点式振荡电路。

图 6-26 为一种典型的电容反馈三点式振荡电路。其中，L1、C1、C2 组成振荡回路，反馈信号由 C2 两端取出，反馈到晶体管的输入端。RL 为负载电阻，R5 是电感线圈的等效损耗电阻。R5 可以用电感线圈代替，以提高回路的 Q 值。R1、R2、R3 为直流偏置电阻，C3、C4 为旁路电容。该电路的振荡频率为：$f = 1/(2\pi\sqrt{LC_\Sigma})$，其中，$C_\Sigma \approx 1/C_1 + 1/C_2$。

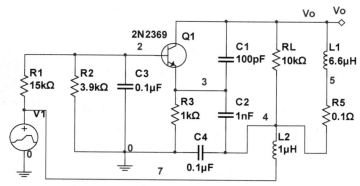

图 6-26 搭建的电容反馈三点式振荡电路

2）对电容反馈三点式振荡器做瞬态分析。

对电路做瞬态分析的分析时长 6 μs，结果如图 6-27 所示。由图可知，起振点约在 0.6 μs 处，电路振荡频率 $f \approx 6.37$ MHz（周期 $T \approx 157 \times 10^{-9}$ s）。

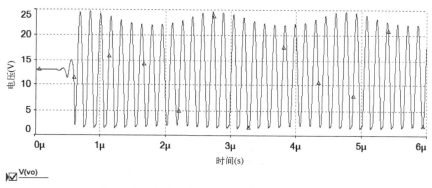

图 6-27 电容反馈三点式振荡器的仿真波形

提示：

由于振荡器有一个起振过程，如果不采取加速起振措施，电路就很难起振。所以，在对振荡电路进行仿真时，一般需要采取以下措施。

① 把电源设为分段线性电压源。本例中，选择的是 PWL 电压源（PIECEWISE_LINEAR_VOLTAGE 电压源），具体设置为 T1=0 时 V1=13 V；T2=1 μs 时 V2=12 V。即在 $t=0$ 时刻电源初值为 13 V，到 $t=1$ μs 时线性降为 12 V。这样设置在上电时电源会给电路一个冲击，可以加速电路起振。而真实电路在上电的一刹那都会受到电源的冲击，故这种仿真设置是对实际情况的模拟。

② 在对电路做瞬态分析时，要设置足够长的分析时间。要求 40 个振荡周期以上，这里设为 6 μs。若设置时长不够，虽观察到了电路起振现象及振荡信号的产生，但若振荡信号因阻尼而呈逐渐衰减态势的话，则表明电路并未真正振荡起来。

③ 要将仿真的最大时间步长（TMAX）设置得尽可能短。仿真软件在分析电路性能时，采用的是有限元迭代方法。若步长过大，则无法保证计算精度，迭代算法很有可能不收敛，电路不能正常振荡。本例设置 TMAX=1 ns。

④ 在振荡器设计中，选择振荡晶体管的特征频率（本征频率）十分重要。为保证振荡

器的起振条件和频率稳定性，一般应使晶体管的特征频率 f_T 比振荡器的工作频率 f 高 $5\sim10$ 倍，否则起振会延迟或不起振。

【例 6-12】电容串联改进型三点式振荡器的仿真分析。

若要提高电容反馈式振荡电路的振荡频率，势必要减小 C1、C2 的电容值和 L 的电感值。当 C1 和 C2 减小到一定程度时，晶体管的极间电容和电路的杂散电容对振荡频率的影响就会凸显。晶体管的极间电容和电路的杂散电容不是确定值，它随电路参数的不同而动态变化。

1）搭建电容串联改进型三点式振荡电路。

电容串联改进型三点式振荡电路又称"克拉泼"电路，表 6-2 中给出了该电路的基本结构。C 通常是可变电容，若 $C_1 \gg C$ 且 $C_2 \gg C$，则 $1/C_1 + 1/C_2 + 1/C \approx 1/C$，故电路的振荡频率主要由 LC 决定：$f_0 \approx 1/(2\pi\sqrt{LC})$。由于电路中串联了比 C1 或 C2 小得多的电容 C，故晶体管集电极与振荡回路的耦合比电容三点式反馈电路要弱得多，这对于稳定振荡频率十分有利。电容串联改进型三点式振荡电路如图 6-28 所示。

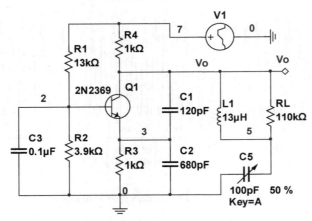

图 6-28　电容串联改进型三点式振荡电路

2）对电容串联改进型三点式振荡电路做瞬态分析。

对电路进行瞬态分析，分析时长 $6\,\mu s$，仍使用 PWL 电压源。图 6-29a 为 C5 = 20 pF 时仿真所得波形，测得其频率 $f_0 \approx 10.31$ MHz；图 6-29b 为 C5 = 50 pF 时仿真所得波形，测得其频率 $f_0 \approx 7.36$ MHz；图 6-29c 为 C5 = 100 pF 时仿真所得波形，测得其频率 $f_0 \approx 6.07$ MHz。

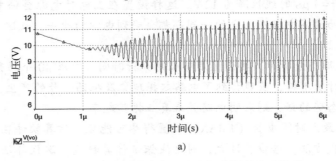

a)

图 6-29　电容串联改进型三点式振荡器的仿真波形

a）C5 = 20 pF 时得其频率为 10.31 MHz

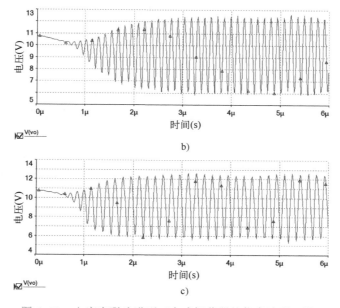

图 6-29　电容串联改进型三点式振荡器的仿真波形（续）

b）C5 = 50 pF 时得其频率为 7. 36 MHz　　c）C5 = 100 pF 时得其频率为 6. 07 MHz

6.5.2　RC 振荡器特性的仿真

当需要产生较低频率（0~数百 kHz）信号时，如果采用 LC 振荡器，所需的电感与电容值会比较大，甚至还要用有铁心的线圈，体积大，成本高，性能差。这时，通常采用 RC 振荡器。其工作原理与 LC 振荡器类似，也是由放大单元和正反馈网络两部分组成，只是用 RC 反馈网络取代了 LC 反馈网络。根据 RC 网络的不同形式，可分为桥式振荡器和相移振荡器等类型，其中以 RC 桥式正弦波振荡电路（文氏桥振荡电路）最具典型性。

【例 6-13】搭建文氏桥振荡电路并仿真分析。

1）搭建文氏桥振荡电路。

搭建图 6-30 所示的文氏桥振荡电路。它是一种采用二极管稳幅的文氏桥振荡电路。它由 μA741（图 6-30 中写作 UA741CD）运放、其反相输入端连接的电阻 Rf1 及 Rf2 组成的负反馈网络、正相输入端

【例 6 - 13】
文氏桥振荡电路分析

连接的 RC 串并联选频网络等组成。在反馈网络上串联了两个并联的二极管，这是利用电流增大时二极管动态电阻减小、电流减小时二极管动态电阻增大的特性，加入非线性环节，从而使输出电压稳定，也能起到加速电路起振的作用，这可由仿真加以验证。

2）对电路做瞬态分析。

仿真时长 18 ms，仿真的最大时间步长设置为 TMAX = 1 μs，得到图 6-31 的输出波形。测得其频率约为 982 Hz，大约在 0. 3 ms 开始起振，在 6 ms 开始输出稳定的振荡信号。

提示：

为了求得 RC 串并联选频网络的频率特性，可以在 Vo 端加一个交流信号源 Vi：AC = 1 V，进行 AC 扫描分析，扫描频率范围 10~100 kHz、10 Points/Decade，得到图 6-32 所示的幅频特性和相频特性，可见，该 RC 串并联选频网络的中心频率 $f \approx 958$ Hz。

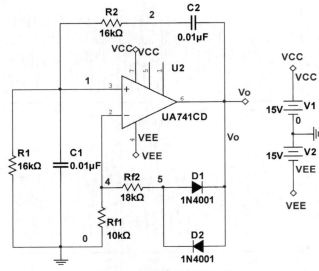

图 6-30　文氏桥振荡电路

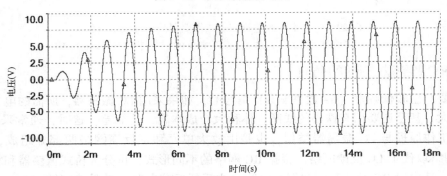

图 6-31　文氏桥振荡电路的仿真波形

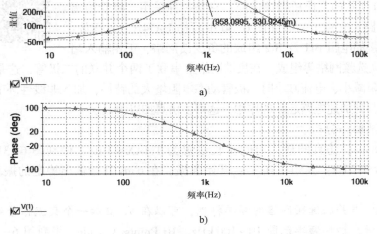

a)

b)

图 6-32　文氏桥振荡电路的幅频特性与相频特性

a）幅频特性　b）相频特性

在二极管上并联一个 5 kΩ 的固定电阻，再对电路做瞬态分析，得到图 6-33 的输出波形。测得其频率约为 988 Hz，大约在 28 ms 开始起振，40 ms 开始输出稳定的振荡信号。

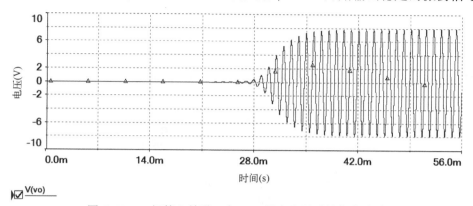

图 6-33　二极管上并联一个 5 kΩ 固定电阻后的仿真波形

6.5.3　石英晶体振荡器特性的仿真

将二氧化硅（SiO_2）结晶体按一定方向切割成很薄的晶片，再将晶片两个对应的表面抛光和涂敷银层，并作为两个电极的引脚，加以封装，就构成了石英晶体振荡器。石英晶体振荡器具有非常稳定的固有频率，因此适用于做振荡频率高稳定性电路的选频网络。

石英晶体的等效电路模型如图 6-34 所示。石英晶体不振动时可等效为一个平板电容 C0，称为静态电容，其值由晶片几何尺寸及电极面积决定。晶片振动时，其机械振动的惯性等效为电感 L、晶片的弹性等效为电容 C、晶片的摩擦损耗等效为电阻 R。电容 C 的取值区间为 ［0.01 pF，0.1 pF］，因此 C≪C0。R 的值约为 100 Ω，理想情况下可取 R=0。

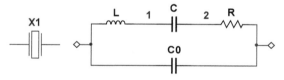

图 6-34　石英晶体振荡器的符号和等效电路模型

石英晶体振荡器通常分为并联晶体振荡器和串联晶体振荡器两类，前者工作在晶体并联谐振频率附近，晶体等效为电感；后者工作在晶体串联谐振频率附近，晶体近似于短路。

【例 6-14】 并联晶体振荡器的仿真分析。

1）搭建电路。

并联晶体振荡电路，又称皮尔斯电路，其典型结构如图 6-35 所示。晶体 X2 位于 "Misc 组 CRYSTAL 系列" 中，这里选用晶体的谐振频率是 1.5 MHz。晶体与外接电容 C1、C2、C3 组成并联回路。

【例 6-14】
并联晶体振荡器-仿真分析

2）对并联晶体振荡器做瞬态分析。

在实验过程中发现，无论怎样调整晶体及外围元器件的参数，电路都不会起振，这就需要对晶体的模型进行修改。图 6-36a 为 Multisim 14.2 中 1.5 MHz 晶振的模型，图 6-36b 为 PSPice 中 1 MHz 晶振的模型。对标 6-36b 修改 X2 的模型，修改后的模型如图 6-36c 所示，除了将晶振 X2 的本征频率调整为 1 MHz 外，额外添加了"vsin …"这一语句。

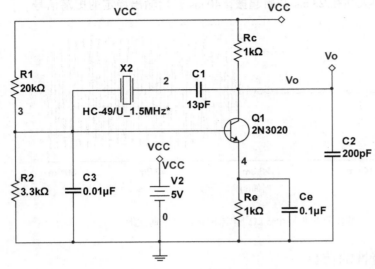

图 6-35　并联石英晶体振荡电路

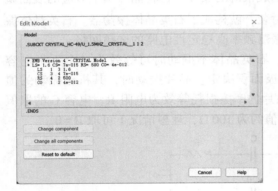

a)

```
*  1Mhz frequency standard, AT cut, parallel resonant, Q=25000,
*    calibration capacitance = 1n
.subckt QZP1MEG 1 2
*
lqz    1      11     2.54647909
cs     11     12     9.95357648e-015
vsin   12 3 SIN 0 1k 1meg 0.1n 1e6 0
rqz    3      2      640
cp     1      2      2.48839412e-012
.ends
```

b)

c)

图 6-36　Multisim 14.2 和 PSPice 中晶振模型的差异及修改

a）Multisim 14.2 中 1.5 MHz 晶振的模型　b）PSPice 中 1 MHz 晶振的模型　c）晶振 X2 修改后的模型

对电路做瞬态分析，分析时长 20 μs，结果如图 6-37 所示。这里选用了 10 个振荡周期打标注（Cursor），Multisim 自动计算得出 10 个振荡周期的时长为 10.0000 μs，故测得其振荡频率 $f=1\,\mathrm{MHz}$，和晶振的本征频率完全一致。

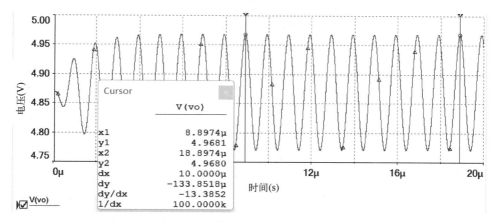

图 6-37　并联石英晶体振荡电路（1 MHz）的仿真波形

【例 6-15】使用 MOS 管搭建并联石英晶体振荡器并仿真。

1）搭建电路。

使用虚拟 PMOS 管和 NMOS 管搭建的并联石英晶体电路如图 6-38 所示，C1、C2 支路与晶振 X1 构成并联关系。这里选用晶振的频率为 32768 Hz。

【例 6-15】由 MOS 管搭建并联型晶体振荡器

提示：

必须使用虚拟 MOS 管。这里设置其宽长比都为 100μ/100μ。

2）对电路做瞬态分析。

分析时长 0.6 ms，结果如图 6-39 所示。同样地，需要对标 PSPice 模型对晶振 X1 的模型进行修改，修改后的模型参数如下。

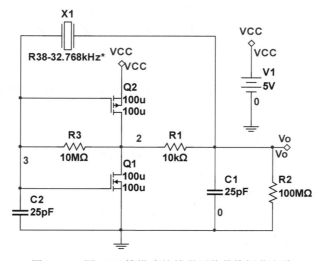

图 6-38　用 MOS 管搭建的并联石英晶体振荡电路

```
* EWB Version 4 - CRYSTAL Model
* LS= 0.007 CS= 3.5e-015 RS= 18000 CO= 1.7e-012
        LS    1   3   3.932e3   IC= 0.5e-03
        CS    3   4   6.0e-15
        vsin  4   5   SIN 0 1k 32768hz 0 1e5 0
        RS    5   2   90e3
        CO    1   2   1.2e-12
. ENDS
```

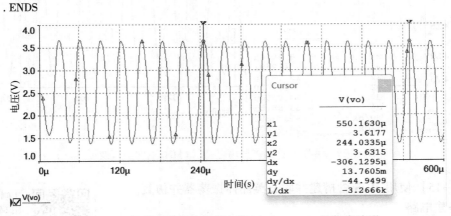

图 6-39　并联石英晶体振荡电路（32768 Hz）的仿真波形

为减小读数误差，这里依然选用了 10 个振荡周期打标注（Cursor），Multisim 自动计算得出 10 个振荡周期的时长为 306.1295 μs，故测得其振荡频率 f = 32666 Hz，与标称频率有约 0.3% 的误差，是由模型参数误差引起的。

【例 6-16】　串联晶体振荡器的仿真分析。

在串联晶体振荡电路中，晶体工作在串联谐振频率附近，阻抗呈短路，构成正反馈而产生振荡。

【例 6-16】
串联晶体振荡器分析

1）搭建电路。

搭建图 6-40 所示的串联晶体振荡电路，它是按电容反馈三点式电路搭建的。当由 C1、C2 和 L1 构成回路的谐振频率等于石英晶体的串联谐振频率时，晶体呈纯阻性且阻值最小，正反馈最强。

2）对电路做瞬态分析。

分析时长 26 μs，结果如图 6-41 所示。同样地，需要对标 PSPice 模型对晶振 X1 的模型进行修改，修改后的模型参数如下。

```
* EWB Version 4 - CRYSTAL Model
* LS= 2.55 CS= 9.95e-015 RS= 640 CO= 2.49e-012
        LS    1   3   2.54647909
        CS    3   4   9.95357648e-015
        VSIN  4   5   SIN  0  1K  1Meg  0.1n  1e6 0
        RS    5   2   640
CO  1   2   2.4883912e-012
    . ENDS
```

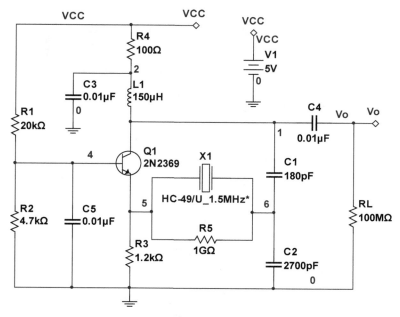

图 6-40 串联石英晶体振荡电路

为减小读数误差，这里依然选用了 10 个振荡周期打标注（Cursor），Multisim 自动计算得出 10 个振荡周期的时长为 10.0013 μs，故测得其振荡频率 $f = 0.999867$ MHz，与标称频率有约 0.1% 的误差，是由模型参数误差引起的。

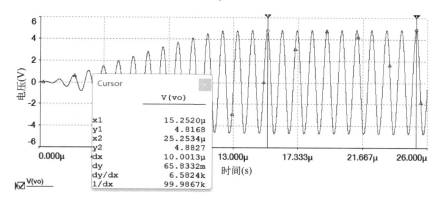

图 6-41 串联石英晶体振荡电路（1 MHz）的仿真波形

课后练习

【练 6-1】试分析非对称多谐振荡器的特性，电路如图 6-42 所示。

【练 6-2】试对图 6-43 所示的电路进行仿真，并指出其功能。

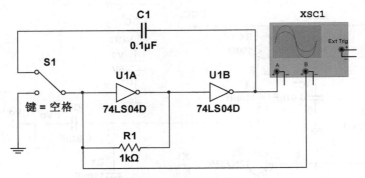

图 6-42　练 6-1 图

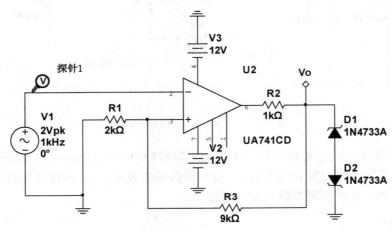

图 6-43　练 6-2 图

项目 7　常见数字电路与数/模混合电路的仿真

项目描述

数字电路的分析以电子技术为基础，采用电子技术中的大信号分析模型。与模拟电路的分析类似，数字电路的分析同样是两点：分析电路行为特性和参数特性。所谓电路的行为特性分析指的是对电路逻辑行为的分析，而参数分析关心的有逻辑电平特性参数（高电平和低电平）、脉冲特性参数（开关速度，即高、低电平转换的上升沿和下降沿）、功率特性参数（功率损耗）以及传输时间特性参数等。参数特性分析的目的是为逻辑分析提供基础。

基于 Multisim 14.2 软件的常见逻辑电路分析，是指对电路逻辑行为的仿真分析。主要利用 EDA 技术给出形象的输入、输出波形、逻辑指示信号或数码显示信号等，进而清晰、便利地展示常见逻辑电路的逻辑功能。

随着科学技术的发展，电子产品的集成度和复杂性不断提高，电子电路的设计也愈加复杂。为了简化电路，降低成本，设计人员往往把模拟电路和数字电路集成到一个芯片上，形成数/模混合电路。模拟信号和数字信号的转换是否实时，混合电路中各器件的仿真模型是否精确、兼容，给数/模混合电路的设计及仿真带来了挑战。

任务 7.1　组合逻辑电路的仿真

在时间和数值上都是连续变化的信号称为模拟信号，如电路中电压、电流的变化，一天中大气温度的变化等。而在时间和数值上都是离散的信号则称为数字信号，它在两种稳定的状态间做阶跃式变化，这两种状态可用数字"0"和"1"分别表示。对数字信号进行算术运算和逻辑运算的电路称为数字电路，通俗地讲，数字电路就是处理"0"和"1"的电路。

数字电路分为组合逻辑电路与时序逻辑电路。电路当前时刻的输出仅取决于当前时刻的输入，与电路此前时刻所处的状态无关，这类数字电路称为组合逻辑电路。常见的组合逻辑电路有加法器、译码器和数据选择器等。本节对常见组合逻辑电路的功能进行仿真分析，也对其典型应用进行分析。

拓展阅读

"从 0 到 1"，是创新，是突破。2020 年，习近平总书记在科学家座谈会上强调，要把原始创新能力提升摆在更加突出的位置，努力实现更多"从 0 到 1"的突破。在中央政治局第二十四次集体学习时，习近平总书记强调，当今世界正经历百年未有之大变局，科技创新是其中一个关键变量。同年，科技部、发展改革委、教育部、中科院、自然科学基金委联合制定并印发了《加强"从 0 到 1"基础研究工作方案》，从优化原始创新环境、强化国家科技计划原创导向、加强基础研究人才培养等多个方面提出具体措施。

"从 0 到 1"，我们成绩斐然。2021 年 4 月 29 日，天宫空间站天和核心舱成功发射，宣告我国开启空间站任务新时代。2020 年，北斗三号全球卫星导航系统正式开通，全球有了"中国北斗"的导引和陪伴；"天问一号"启程飞往火星，是世界上首个一次完成"绕、着、巡"三大任务的太空之旅；量子计算原型机"九章"问世，速度比目前最快的超级计算机快 100 万亿倍；"奋斗者"号全海深载人潜水器在有着"地球第四极"之称的马里亚纳海沟，创下 10909 m 的中国载人深潜新纪录；嫦娥五号带着月球样品平安返回地球，我国首次地外天体采样返回任务圆满完成⋯⋯

"从 0 到 1"，还有更多科学问题等着我们去突破。当前，我国在若干核心关键领域仍然面临着"卡脖子"问题。面向我国"十四五"时期以及更长时期的发展，科技工作者应特别注重原始创新能力的提升，实现更多"从 0 到 1"的突破。

7.1.1　加法器的仿真

目前，两个二进制数之间的加、减、乘、除等各种算术运算在计算机中都是化作若干步加法运算进行的。因此，加法器是构成算术运算器的基本单元。

实现两个对应位的加数和低位来的进位 3 个数相加的电路称为全加器。若每一位的相加结果都必须等低一位的进位产生之后才能建立起来，这种结构称为串行进位加法器（也称为行波进位加法器）；若每一位进位信号都同时产生，则称为超前进位加法器。很显然，超前进位加法器大大减少了进位信号产生的时间，因而大大提高了加法器的速度。

【例 7-1】 4 位超前进位加法器 74LS283 的功能仿真。

1）搭建电路。

构建如图 7-1 所示的全加器 74LS283 逻辑功能仿真电路。其

中，单刀双掷开关 SPDT 位于"Basic 组 SWITCH 系列"库中，双击开关，在弹出的对话框中可以修改"切换键"。SPDT 与 VCC 相连，表示输入高电平，即数字"1"；SPDT 与 GROUND 相连，表示输入低电平，即数字"0"。指示器 PROBE 位于"Indicators 组 PROBE 系列"库中。指示器亮表明与之相连接的引脚输出的是高电平，即数字"1"，否则输出为低电平，即数字"0"。

2）逻辑仿真。

单击"运行"按钮，并单击 S1~S9 开关置任意位置，查看 X1~X5 指示器的亮灭情况，可以验证加法运算的正确性。

【例 7-2】 设计一个代码转换器，将 8421BCD 码转换成余 3 码。

1）设计并在 Multisim 中绘制电路。

设输入的 4 位 8421BCD 码用 DCBA 表示，输出的 4 位余 3 码用 $Y_3Y_2Y_1Y_0$ 表示，则二者之间有如下关系式：

$$Y_3Y_2Y_1Y_0 = DCBA + 0011$$

故用一片 4 位加法器 74LS283，将其中的一个 4 位加数的输入引脚分别连接 DCBA，而另一个 4 位加数的输入引脚分别连接"0""0""1""1"及最低位的 C0 进位引脚连接"0"，便可实现所要求的代码转换电路，如图 7-2 所示。

2）逻辑仿真。

将 4 个单刀双掷开关 SPDT 的单输出端分别连接 ABCD 端，SPDT 两个输入端中的一个

接 VCC，另一个接 GND。单击运行按钮，并分别单击 SPDT 置任意位置，查看 X1~X5 指示器的亮灭情况，可以验证代码转换的正确性。

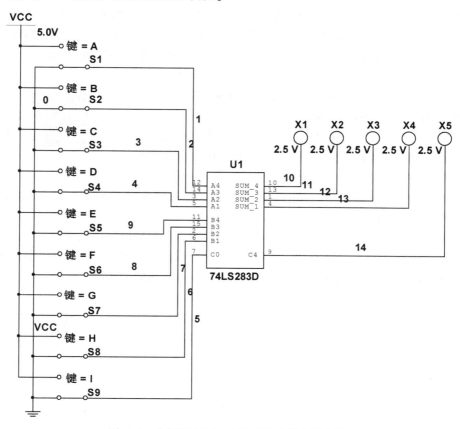

图 7-1 全加器 74LS283 的逻辑功能仿真电路

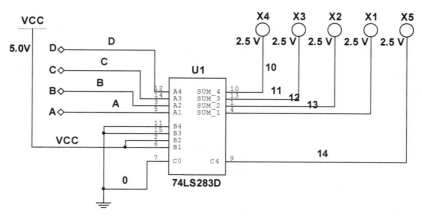

图 7-2 将 8421BCD 码转换成余 3 码的电路

7.1.2 编码器的仿真

按照特定规则，用一组二进制代码来表征事物的过程就称为编码，实现编码的电路就称为编码器。目前经常使用的编码器有普通编码器和优先编码器两类。普通编码器中，任何时刻只允许输入一个有效编码信号，否则会发生错乱。而优先编码器则允许同时输入多个有效编码信号，电路只对其中优先级别最高的信号进行编码。

【例 7-3】8 线 -3 线优先编码器 74LS148 的逻辑功能仿真。

【例 7-3】8 线 -3 线优先编码器 74LS148

1）优先编码器 74LS148 的功能认知。

表 7-1 表示了 74LS148 输出与输入的对应关系，可以看出：

- $\overline{ST}$ 是编码使能信号，低电平有效。当 $\overline{ST}=0$ 时，允许编码，否则输出为"11111"。
- $\overline{I}_0 \sim \overline{I}_7$ 是 8 个待编码的输入信号，低电平有效。$\overline{I}_7$ 优先级别最高，其次是 $\overline{I}_6$，依次类推，$\overline{I}_0$ 优先级别最低。
- $\overline{Y}_2\overline{Y}_1\overline{Y}_0$ 是输出的 3 位二进制编码，低电平有效，即用反码表征输入信号。
- $\overline{Y}_S$ 和 $\overline{Y}_{EX}$ 分别为选通输出端和扩展端，低电平有效。$\overline{Y}_S$ 的低电平表示"电路工作，但无编码输入"；$\overline{Y}_{EX}$ 的低电平表示"电路工作，且有编码输入"。

表 7-1　74LS148 的真值表

| 输　入 | | | | | | | | | 输　出 | | | | |
$\overline{ST}$	$\overline{I}_0$	$\overline{I}_1$	$\overline{I}_2$	$\overline{I}_3$	$\overline{I}_4$	$\overline{I}_5$	$\overline{I}_6$	$\overline{I}_7$	$\overline{Y}_2$	$\overline{Y}_1$	$\overline{Y}_0$	$\overline{Y}_S$	$\overline{Y}_{EX}$
1	×	×	×	×	×	×	×	×	1	1	1	1	1
0	1	1	1	1	1	1	1	1	1	1	1	0	1
0	×	×	×	×	×	×	×	0	0	0	0	1	0
0	×	×	×	×	×	×	0	1	0	0	1	1	0
0	×	×	×	×	×	0	1	1	0	1	0	1	0
0	×	×	×	×	0	1	1	1	0	1	1	1	0
0	×	×	×	0	1	1	1	1	1	0	0	1	0
0	×	×	0	1	1	1	1	1	1	0	1	1	0
0	×	0	1	1	1	1	1	1	1	1	0	1	0
0	0	1	1	1	1	1	1	1	1	1	1	1	0

2）搭建电路并仿真。

搭建图 7-3 所示的 74LS148 逻辑功能测试电路，其中 D0、D1……D7 是 8 个待编码的信号，与表 7-1 中的 $\overline{I}_0 \sim \overline{I}_7$ 一一对应；EI 是编码使能信号，与表 7-1 中的 $\overline{ST}$ 对应；A2、A1、A0 是输出的 3 位二进制编码，与表 7-1 中的 $\overline{Y}_2\overline{Y}_1\overline{Y}_0$ 一一对应；GS、EO 分别为选通输出端和扩展端，分别对应于表 7-1 中的 $\overline{Y}_S$ 和 $\overline{Y}_{EX}$。按真值表中所有输入信号每一行的取值置对应的 SPDT 开关于对应的位置，观察 5 个指示灯的亮灭。请注意，74LS148 以反码表征输入信号，如 $\overline{I}_0$ 的编码是 111，故 X1X2X3 三个灯全亮，而 $\overline{I}_7$ 的编码是 000，故 X1X2X3 三个灯全灭。

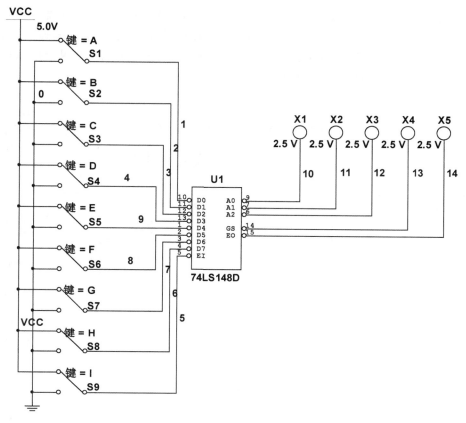

图 7-3　74LS148 的功能验证电路

【例 7-4】试用两片 74LS148 接成 16 线-4 线优先编码器。设计要求：将 $\overline{S}_0 \sim \overline{S}_{15}$ 16 个低电平有效的输入信号编码为 0000～1111 的 16 个二进制代码，即以原码作为输出；其中，$\overline{S}_{15}$ 的优先级最高，$\overline{S}_{14}$ 次之……$\overline{S}_0$ 的优先级最低。

【例 7-4】16 线-4 线优先编码器

1）搭建如图 7-4 所示的电路。

U1 为高 8 位芯片，U2 为低 8 位芯片，其输入信号优先级别从高到低依次是 D7、D6……D0。U1 的 EI 接地，U1 总是处于编码状态，对其 8 个输入端中优先级别最高的请求信号编码，U1 的 A2A1A0 按反码形式输出。同时，U1 的 GS＝0 而 EO＝1，灯 X4 亮且 U2 不工作。若 U1 的 8 个输入端中无一请求编码，则 U1 的 GS＝1 而 EO＝0，灯 X4 灭且 U2 工作，U2 对其 8 个输入端中优先级别最高的请求信号编码，U2 的 A2A1A0 按反码形式输出。

2）仿真分析。

由图 7-4 可见，当 U1 的 D7～D0 中任意为低电平时，例如 U1 的 D3＝0（即 $\overline{S}_{11}$ 请求编码），则 U1 的 GS＝0 而 EO＝1，U1 的 A2A1A0＝100。同时 U1 的 EO＝1，将 U2 封锁，于是 U2 的 A2A1A0＝111。于是 X4X3X2X1 四个指示灯依次为"亮、灭、亮、亮"，对应的电平为 1011。如果 U1 的 D7～D0 中有多个输入端为低电平，则只对其中优先级别最高的那个信号编码。

当 U1 的 D7~D0 全为高电平时，U1 的 GS＝1 而 EO＝0，故 U2 的 EI＝0 处于编码工作状态，对 U2 的 D7~D0 输入的低电平信号中优先级别最高的那个信号进行编码。例如 U2 的 D5＝0（即 $\overline{S}_{05}$ 请求编码）时，则 U2 的 A2A1A0＝010。于是 X4X3X2X1 四个指示灯依次为"灭、亮、灭、亮"，对应的电平为 0101。

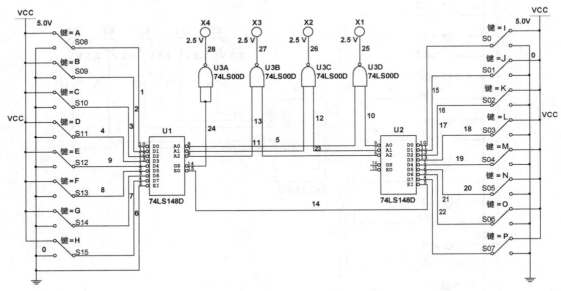

图 7-4　由两片 74LS148 接成 16 线-4 线的优先编码器

7.1.3　译码器的仿真

译码器的逻辑功能是将每个输入的二进制代码翻译成对应的高低电平输出信号。译码和编码是一对相反的操作。比如每个学生在入学时都被分配了一个学号，这种按特定规则组合出来的学号（一般为一组十进制数）来表征学生的过程就是编码；而用学号去查找其所对应的具体学生的过程则是译码。常用的译码器可分为二进制译码器、二-十进制译码器和显示译码器等几种类型。

【例 7-5】3 线-8 线译码器 74LS138 逻辑功能仿真。

1）74LS138 的功能认知。

【例 7-5】3 线-8 线译码器 74LS138

74LS138 是二进制译码器，输入的是一组 3 位的二进制代码 CBA，输出的是一组与输入代码一一对应的高、低电平信号，表 7-2 表示了 74LS138 的功能。可见：

- 对于输入的每一组二进制代码 CBA，输出端 Y0~Y7 中都有唯一的一个"0"与之对应。同时，Y0~Y7 又是 C、A、B 这三个变量的全部最小项的译码输出，所以也把这种译码器叫作最小项译码器。
- 74LS138 有 3 个附加的控制端 G1、$\overline{G2A}$、$\overline{G2B}$。当 G1＝1，$\overline{G2A}+\overline{G2B}＝0$ 时，译码器处于工作状态。否则，译码器被禁止，其所有的输出端都被封锁在高电平。这 3 个控制端也叫作"片选"信号，利用片选的作用可以大大扩展译码器的功能。
- 带片选控制端的译码器又是一典型的数据分配器。将 74LS138 的 G1 作为"数据"输入端，同时令 $\overline{G2A}+\overline{G2B}=0$，而将 C、A、B 作为"地址"选择端，那么从 G1 送进来的数据只能通过由 C、A、B 所选定的一根输出线送出去。例如当 CAB＝110 时，除了 Y6＝G1外，其余 7 个输出端总是被封锁住、固定为高电平。

表 7-2　集成译码器 74LS138 的真值表

输　　入						输　　出							
G1	$\overline{G2A}$	$\overline{G2B}$	C	B	A	Y7	Y6	Y5	Y4	Y3	Y2	Y1	Y0
0	×	×	×	×	×	1	1	1	1	1	1	1	1
×	1	×	×	×	×	1	1	1	1	1	1	1	1
×	×	1	×	×	×	1	1	1	1	1	1	1	1
1	0	0	0	0	0	1	1	1	1	1	1	1	0
1	0	0	0	0	1	1	1	1	1	1	1	0	1
1	0	0	0	1	0	1	1	1	1	1	0	1	1
1	0	0	0	1	1	1	1	1	1	0	1	1	1
1	0	0	1	0	0	1	1	1	0	1	1	1	1
1	0	0	1	0	1	1	1	0	1	1	1	1	1
1	0	0	1	1	0	1	0	1	1	1	1	1	1
1	0	0	1	1	1	0	1	1	1	1	1	1	1

2）构建仿真电路并仿真。

搭建如图 7-5 所示的 74LS138 逻辑功能仿真电路，用字信号发生器 XWG1 产生 CBA 三位输入信号。用两个 SPDT 开关分别控制 74LS138 的三个片选端，可以仿真片选信号的控制作用。输入、输出信号由显示器 PROBE 和逻辑分析仪 XLA1 显示，图 7-6 为逻辑分析仪 XLA1 显示的仿真波形，与表 7-2 所描述的 74LS138 的逻辑功能完全一致。字信号发生器的设置如图 7-7 所示。

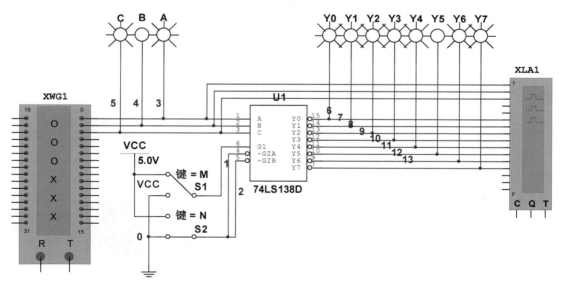

图 7-5　74LS138 的仿真电路

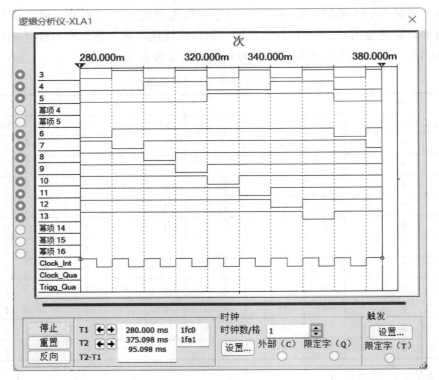

图 7-6　逻辑分析仪 XLA1 显示的仿真波形

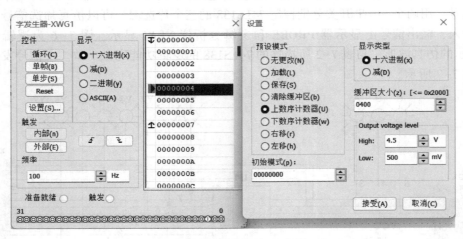

图 7-7　字信号发生器 XWG1 的设置方法

【例 7-6】七段显示译码器 74LS48 的功能仿真。

七段字符显示器，常称七段数码管，能以十进制直观显示数码。这种字符显示器由七段可发光的线段拼合而成。要显示某个数字，就给对应的线段通电让其发光进而显示出相应的数字来。常见的有半导体数码管和液晶显示器两种。图 7-8 是某共阴极半导体数码管的外形图及等效电路，比如要显示数字"6"，就需给 C、D、E、F 和 G 段施加高电平。

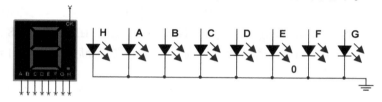

图 7-8　共阴极半导体数码管的外形图及等效电路

1）七段显示译码器的功能认知。

七段显示译码器，准确来讲，应称为数字代码变换器，它将输入的 4 位 8421BCD 代码变换成（译成）七段数码管所需的驱动代码（信号），以使数码管用十进制数字显示出 BCD 代码所表示的数值。根据显示字形的要求，74LS48 显示译码器的逻辑功能见表 7-3。可见：

表 7-3　七段数码管的显示驱动代码转换表

输　　入					输　　出							
数字	D	C	B	A	OA	OB	OC	OD	OE	OF	OG	字形
0	0	0	0	0	1	1	1	1	1	1	0	0
1	0	0	0	1	0	1	1	0	0	0	0	1
2	0	0	1	0	1	1	0	1	1	0	1	2
3	0	0	1	1	1	1	1	1	0	0	1	3
4	0	1	0	0	0	0	0	0	0	1	1	4
5	0	1	0	1	1	0	1	1	0	1	1	5
6	0	1	1	0	1	0	1	1	1	1	1	6
7	0	1	1	1	1	1	1	0	0	1	0	7
8	1	0	0	0	1	1	1	1	1	1	1	8
9	1	0	0	1	1	1	1	1	0	1	1	9
10	1	0	1	0	1	1	1	0	1	1	1	A
11	1	0	1	1	0	0	1	1	1	1	1	B
12	1	1	0	0	1	0	0	1	1	1	0	C
13	1	1	0	1	1	1	1	1	1	0	1	D
14	1	1	1	0	1	0	0	1	1	1	1	E
15	1	1	1	1	1	0	0	0	1	1	1	F

- ABCD 是 4 位 8421BCD 码的输入端，OA～OG 是点亮七段数码管相应线段的驱动信号，高电平有效。
- $\overline{LT}$ 为灯测试输入信号。当 $\overline{LT}=0$ 时，OA～OG 全为高电平，数码管的七段应同时被点

亮，以检查该数码管各段能否正常发光。平时应置 $\overline{LT}=1$。

- RBI 为灭零输入信号。设置该信号的目的是为了能把不希望显示的零熄灭。比如某 8 位数码显示器，整数部分 5 位、小数部分 3 位，在显示 16.8 时呈现的是 "00016.800" 字样，如果设置整数部分高 3 位和小数部分后 2 位的 $\overline{RBI}=0$，则将醒目显示 "16.8" 字样。

- $\overline{BI}/RBO$ 是复用的灭灯输入/灭零输出端。只要 $\overline{BI}=0$，无论 ABCD 是什么状态，数码管的各段都将同时熄灭。当 $A=B=C=D=0$ 且 $\overline{RBI}=0$ 时，RBO 才会给出低电平。因此 RBO$=0$ 表示译码器已将本来应该显示的零给熄灭了。

2）搭建电路并仿真。

构建图 7-9 所示的七段数码显示译码器 74LS48 功能测试仿真电路。其中上拉电阻排 R1（标签：7Line_Isolated）位于 "Basic 组的 RPACK 系列" 中，用来增大七段数码管的驱动电流。字信号发生器 XWG1 设置为循环增量计数，计数范围 00H~0FH，频率 50 Hz。

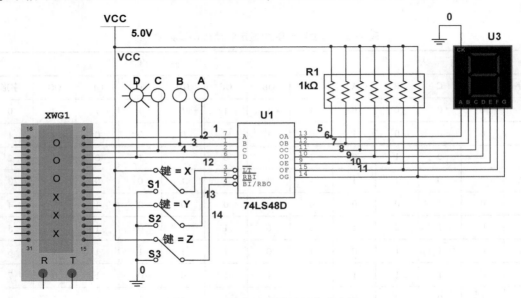

图 7-9　74LS48 功能测试的仿真电路

7.1.4　数据选择器的仿真

数据选择器是从多路输入信号中选择其中的一路信号送给输出端的逻辑器件，又称多路开关。它一般包含的端口有：两个以上的数据输入端、一个数据输出端（或一对互补的数据输出端）及用作数据选择的控制端（又称地址选择端或地址端）。图 7-10 是 2 选 1 数据选择器的原理示意图，D0、D1 为两个数据输入端，F 为数据输出端，S 是选择控制端。2 选 1 数据选择器的逻辑表达式为 $F=D0 \times \overline{S}+D1 \times S$，当 $S=0$ 时，$F=D0$，即开关拨到了上面的位置；当 $S=1$ 时，$F=D1$，即开关拨到了下面的位置。开关拨到什么位置由选择信号 S 决定。

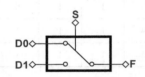

图 7-10　2 选 1 数据选择器的原理示意图

【例 7-7】试设计一个监视交通信号灯工作状态的逻辑电路。

1）对设计要求的分析。

每一组信号灯由红、黄、绿三盏灯组成。正常工作情况下，任何时刻有且只有一盏灯亮。而出现其他情况：没有灯亮或者有两盏及以上的灯亮时，表明电路出现了故障，要求发出故障信号，提醒维护人员前去维修。

取红、黄、绿三盏灯的状态为输入变量，分别用 R、Y、G 表示，规定灯亮为 1，灯不亮为 0。取故障信号为输出变量，以 F 表示，规定三盏灯正常工作状态时 F 为 0，发生故障时 F 为 1。可列出真值表，并求得其逻辑表达式：$F=\overline{R}\,\overline{Y}\,G+\overline{R}YG+R\overline{Y}\,G+RYG+RY\overline{G}$。将公式变形为 $F=\overline{R}(\overline{Y}\,G)+R(\overline{Y}G)+R(Y\overline{G})+1\times(YG)$。对照 4 选 1 的逻辑表达式可知，只要使数据选择器的各输入端分别为：A0=G，A1=Y，D0=$\overline{R}$，D1=D2=R，D3=1 即可。

2）搭建电路并仿真。

为此，选用双 4 选 1 数据选择器 74LS153 搭建了交通信号灯状态监视报警的仿真电路，如图 7-11 所示。为清楚观察输入、输出 4 个指示灯的亮灭情况，这里设置字信号发生器的频率为 3 Hz。

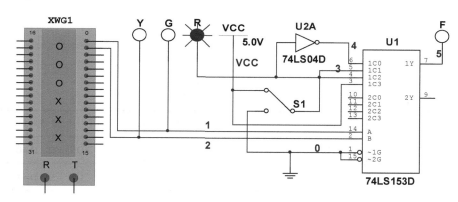

图 7-11　由 74LS153 构成的交通灯状态监视电路

任务 7.2　时序逻辑电路的仿真

若某数字电路当前时刻的输出不仅取决于当前时刻的输入，还与电路此前时刻所处的状态有关，这样的电路就是时序逻辑电路。时序逻辑电路通常由组合逻辑电路和存储电路（记忆单元）组成，用来实现数据保存、状态转换、数据传输控制以及分频计数等功能。常用的时序逻辑电路有触发器、计数器等。本节着重介绍时序逻辑电路的逻辑行为分析和典型应用设计。

7.2.1　触发器的仿真

触发器是一种由基本逻辑门通过一定的结构设计而构成的电路，是构成时序逻辑电路的基本单元。触发器的功能是保存数字电路的逻辑状态，单个触发器能够存储 1 位二值信号。

为了实现记忆 1 位二值信号的功能，触发器必须具备两个基本特点：一是具有两个能自行保持的稳定状态，用来表示逻辑状态的 0 和 1，或二进制数的 0 和 1；二是不同的输入信号可以将触发器置成 0 态或 1 态。

迄今为止，人们已经研制出了许多种触发器。根据逻辑功能和触发方式的不同，可以分为 RS 触发器、JK 触发器和 D 触发器等。描述触发器逻辑功能的基本方法有：特性方程、特性表、状态转换图、时序图（波形图）等。

图 7-12 是上升沿触发的 D 触发器，表 7-4 是其特性表。

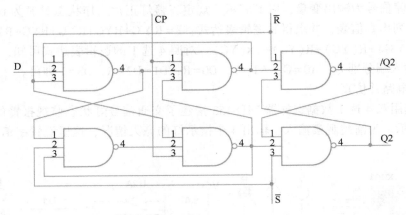

图 7-12　上升沿触发的 D 触发器

表 7-4　上升沿触发的 D 触发器的特性表

$\bar{R}$	$\bar{S}$	CP	D	Q^{n+1}	功 能 说 明
1	1	↑	0	0	$Q^{n+1}=D$，$D=0$
1	1	↑	1	1	$Q^{n+1}=D$，$D=1$
1	1	其他	×	Q^n	$Q^{n+1}=Q^n$，保持
1	0	×	×	1	$Q^{n+1}=1$，异步置 1
0	1	×	×	0	$Q^{n+1}=0$，异步清零

【例 7-8】试用集成 D 触发器 74LS74 构建二分频电路。

1）搭建电路。

典型的集成 TTL 边沿 D 触发器 74LS74 中包含两个相同的、相互独立的上升沿触发的 D 触发器。使用 D 触发器可以方便地构成分频电路，如图 7-13 所示。

【例 7-8】二分频电路

2）对电路做瞬态分析或交互式仿真。

对电路做仿真分析，可以采用交互式仿真用示波器显示输入、输出波形，也可以对电路做瞬态分析，在"图示仪视图"对话框中显示波形。仿真结果详见图 7-14，可以看出，输出信号 Q（图 7-14 中的 V(3)）的频率是时钟信号 CLK 的 1/2，输出信号状态的改变发生在 CLK 信号的上升沿。

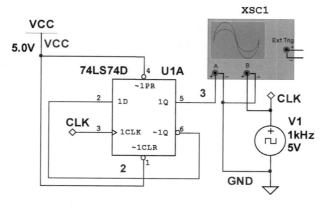

图 7-13　由 74LS74 构成的二分频电路

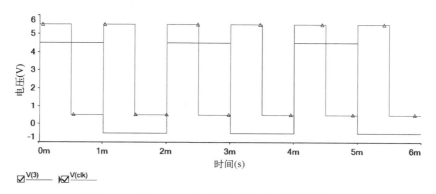

图 7-14　由 74LS74 构成的二分频电路的仿真波形

提示：

这里为展示细节，把两个信号的波形在纵轴上做了错位处理。

【例 7-9】用集成 D 触发器 74LS74 构建延时电路。

1）搭建电路。

【例 7-9】用
集成 D 触发器
74LS74 构 建
延时电路

在数字逻辑电路中，有时希望得到一个稍微延时的信号，这可以用 D 触发器来实现。比如要对一个输入为 10 kHz、占空比为 50%、初始值为 0、延迟为 0 的脉冲信号延迟 10 μs，可以用 D 触发器实现，其电路连接方式如图 7-15 所示。

2）对电路做瞬态分析。

分析时长 600 μs，截取 80~380 μs 时段的波形，如图 7-16 所示。D 触发器输入占空比为 50% 的 10 kHz 方波，输出占空比为 60% 的 10 kHz 方波，输出脉冲的高电平持续时间增加了 10 μs。事实上，采用 D 触发器做信号延迟控制单元时需要注意两点：一是时钟信号频率至少应是其输入信号频率的两倍以上；二是对上升沿触发的 D 触发器而言，输出信号高电平的下降沿延后了一个时钟信号周期，输出信号的占空比发生了改变。而对下降沿触发的 D 触发器而言，延迟时间为半个时钟信号周期，且输出信号的占空比并不发生变化。当然，还有其他的 CLK 设置一样可以实现对逻辑电平的延时。

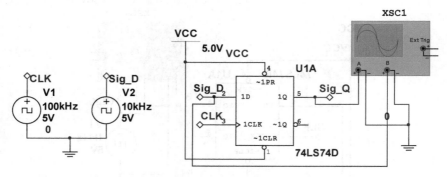

图 7-15　由 74LS74 构成的延时电路

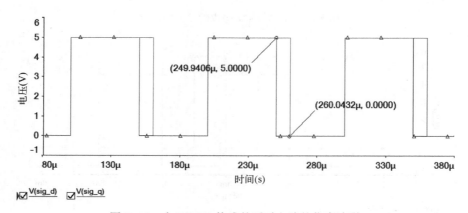

图 7-16　由 74LS74 构成的延时电路的仿真波形

7.2.2　寄存器的仿真

寄存器用于寄存二值代码，在各类数字系统中被广泛使用。因为一个触发器能存储 1 位二值代码，所以用 N 个触发器构成的寄存器就能存储一组 N 位的二值代码。

若寄存器在接收数据时所有各位代码是同时输入的，且各触发器中的数据并行出现在输出端，就被称为"并行输入、并行输出"。此外，还有"并行输入、串行输出""串行输入、串行输出"和"串行输入、并行输出"等数据输入、输出方式。这样的寄存器不仅能存储二值代码，还能实现数据的"串行–并行"转换及数据的运算和处理等，特称移位寄存器。

【例 7-10】试分析集成寄存器 74LS175 的逻辑功能。

1）搭建电路。

74LS175 是用维持阻塞 D 触发器构成的 4 位寄存器，各触发器输出端的状态仅取决于时钟信号 CLK 上升沿到达时刻输入端 D 的状态。按图 7-17 搭建寄存器 74LS175 的逻辑功能测试电路。

【例 7–10】集成寄存器 74LS175 的分析

2）对电路进行交互式仿真。

启动仿真运行，任意单击 S1~S4 开关，可发现指示器 X1~X4 与 X5~X8 两两同步点亮或熄灭。若置开关 S5 与 GND 相连，则 X5~X8 即刻同时熄灭。

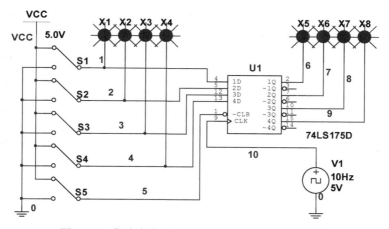

图 7-17　集成寄存器 74LS175 的逻辑功能测试电路

【例 7-11】试分析集成双向移位寄存器 74LS194 的逻辑功能。

【例 7-11】集成双向移位寄存器 74LS194 的分析

1）双向移位寄存器 74LS194 的功能认知。

74LS194 具有异步清零、"并行输入-并行输出"、逻辑左移、逻辑右移和保持等功能。数据的寄存和移位功能由两个控制端 S1、S0 决定，当 S1S0 = 11 时，并行输入，QAQBQCQD = ABCD；当 S1S0 = 00 时，保持原状态不变，即 $QA^{n+1} = QA^n$，$QB^{n+1} = QB^n$，$QC^{n+1} = QC^n$，$QD^{n+1} = QD^n$；当 S1S0 = 10 时，数据左移，将 SL 上的数据一个节拍一个节拍按 QD→QC→QB→QA 的次序依次移动；当 S1S0 = 01 时，数据右移，将 SR 上的数据一个节拍一个节拍按 QA→QB→QC→QD 的次序依次移动。当 CLR = 0 时，寄存器被清零。74LS194 的逻辑功能总结于表 7-5。

表 7-5　双向移位寄存器 74LS194 的功能表

输　　入				输　　出
$\overline{\text{CLR}}$	S1	S0	CLK	功能
0	×	×	×	清零
1	0	0	↑	保持
1	1	1	↑	预置数
1	0	1	↑	右移
1	1	0	↑	左移

2）搭建电路并仿真。

为仿真 74LS194 的逻辑功能，特搭建图 7-18 所示的仿真电路。为清楚观察各指示器的亮灭情况，这里设置 CLK 时钟信号的频率为 1 Hz。读者可以对照 74LS194 的功能表，单击 S1~S9 中相应开关，将其置于 VCC 或 GND，按表 7-5 逐项验证 74LS194 的逻辑功能。

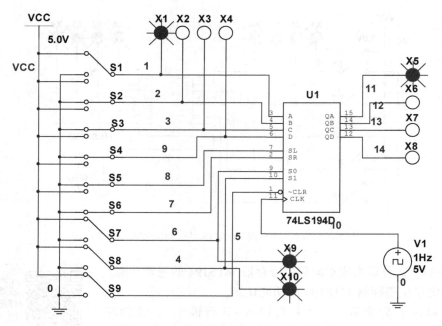

图 7-18　74LS194 的逻辑功能测试电路

7.2.3　计数器的仿真

如果说触发器是构成时序逻辑电路的基本单元，那计数器就是数字系统中使用最多的时序逻辑电路之一。计数器不仅用于对时钟脉冲计数，还可用于分频、定时、产生脉冲序列及进行数字运算等。

计数器的种类非常繁多。如果按计数器中所有触发器是否同时翻转分类，计数器可分为同步式和异步式。如果按计数过程中的数字增减来分，计数器可分为加法计数器、减法计数器和可逆计数器。如果按计数器的计数容量来分，可分为十进制计数器、六十进制计数器等。如果按计数器中数字的编码方式分类，则可分成二进制计数器、二-十进制计数器、循环码计数器等。

【例 7-12】集成同步二进制加法计数器 74LS161 的逻辑功能仿真。

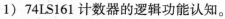
【例 7-12】集成同步二进制加法器 74LS161 的分析

1）74LS161 计数器的逻辑功能认知。

74LS161 计数器由 4 个 JK 触发器和一些逻辑门电路构成，能够计数的最大值为 1111。4 个 JK 触发器都连接至同一个时钟信号 CP。正常计数时，来一个 CP 上升沿，计数器中 4 个 JK 触发器构成的 4 位数字就加上 1，故 74LS161 为 4 位同步二进制加法计数器。每输入 16 个计数脉冲，计数器就完成一个工作循环，并在计数值为 1111 的状态时其输出端产生一个进位信号 Co=1，所以又把这个电路称为十六进制计数器。

若定义计数输入脉冲的频率为 f_0，则 4 个触发器的 Q_0、Q_1、Q_2 和 Q_3 端输出脉冲的频率依次为 $\frac{1}{2}f_0$、$\frac{1}{4}f_0$、$\frac{1}{8}f_0$、$\frac{1}{16}f_0$。从这个角度看，计数器也是分频器，能将输入信号的频

率降至$\dfrac{1}{2^n}$。

为扩展电路的功能和使用的灵活性，集成计数器 74LS161 还附加了一些控制电路。这些附加的功能有：同步预置数、异步清零和计数状态保持等。表 7-6 给出了集成计数器 74LS161 的功能。

表 7-6　4 位同步加法二进制计数器 74LS161 的功能表

CLK	$\overline{\text{CLR}}$	$\overline{\text{LOAD}}$	ENP	ENT	工 作 状 态
×	0	×	×	×	异步清零
↑	1	0	×	×	同步预置数
×	1	1	0	1	保持，$Q^{n+1}=Q^n$，$Co=Co$
×	1	1	×	0	保持，$Q^{n+1}=Q^n$，$Co=0$，即保持 0
↑	1	1	1	1	正常加法计数

2）搭建电路并仿真。

按图 7-19 所示构建集成计数器 74LS161 逻辑功能仿真电路。可以对照 74LS161 的功能表，单击 S1~S8 中相应开关，将其置于 VCC 或 GND，逐项验证其逻辑功能。

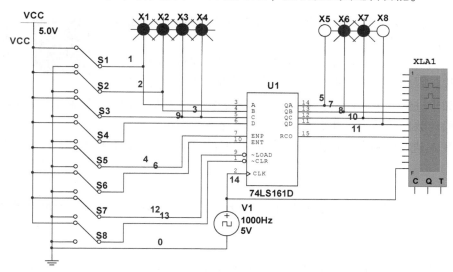

图 7-19　74LS161 的功能测试电路

图 7-20 是 74LS161 工作在计数状态时逻辑分析仪显示的波形，可见电路输出信号波形对应的计数值依次为 0000、0001……1111，计数到 1111 时进位信号 Co=1 且持续一个时钟周期。下一个时钟信号来临时，又开始新的加法计数循环。

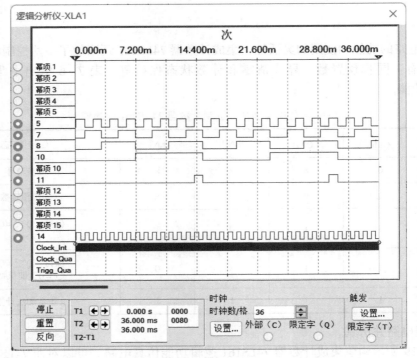

图 7-20　74LS161 在计数状态下的仿真波形

【例 7-13】试用 74LS161 接成同步七进制计数器，要求至少使用两种不同的方法。

从降低成本考虑，不可能为每一种需要的进制都开发相应的计数器芯片。因此，目前市面上的计数器只有应用比较广泛的几种类型，如十进制、十六进制、多位二进制等。在需要其他任何一种进制的计数器时，只能利用已有的计数器产品经过外部电路的不同连接方式即可得到。

设已有 N 进制计数器，而需要的是 M 进制计数器。这需要分 $N>M$ 和 $N<M$ 两种情况来讨论。

1. $N>M$

在 N 进制计数器的顺序计数过程中，若设法使之跳过 $N-M$ 个状态，就可以得到 M 进制的计数器。

1）原理分析。

实现跳过某些计数状态的方法有清零法和置数法两种。清零法是 N 进制计数器从全 0 状态 S_0 开始并接收了 M 个计数脉冲以后，电路进入 S_M 状态。利用 S_M 状态产生一个清零信号反馈到计数器的异步清零端，则计数器立即返回 S_0 态，这样，就构成了 S_0、S_1……S_{M-1} 共 M 个计数状态的 M 进制计数器。

与清零法不同，置数法是通过给计数器重复置入某个数值的方法使之跳过 $N-M$ 个状态，从而获得 M 进制的计数器。即每计数 M 个状态后产生一个预置数信号反馈到计数器的置数端，计数器加载预置数后开始新的 M 进制计数循环。若重复置入的数值是状态 S_0 的全 0，则置数法和清零法一样，都是使用的 S_0、S_1……S_{M-1} 这 M 个计数状态。

　　2）搭建电路并仿真。

　　采用清零法构建的七进制计数器的仿真电路及逻辑分析仪显示的仿真波形分别如图 7-21a 和图 7-21b 所示。采用清零法构建的计数器，只能以 $S_0 = 0000$ 这个状态作为计数起点，依次计数 S_1、S_2……S_6 这 6 个状态，接着进行下一个七进制的计数循环。

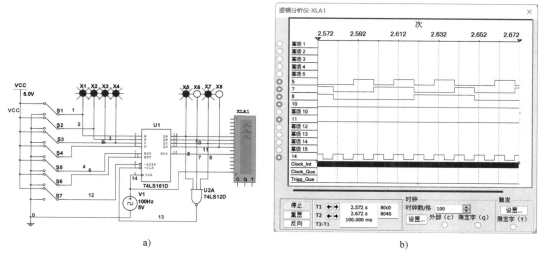

图 7-21　清零法构建的七进制计数器测试电路及仿真波形

　　采用预置数为 0000 的置数法构建的七进制计数器的测试电路及逻辑分析仪显示的仿真波形分别如图 7-22a 和图 7-22b 所示。注意到这里的预置数是 0000，所以其 7 个计数状态和清零法是一致的，仍然为 S_0、S_1……S_6 这 7 个状态。但这里的反馈信号用的是状态 S_6 的 0110，而清零法中的反馈信号用的是状态 S_7 的 0111，这种区别的原因在于集成 74LS161 计数器是"同步预置数"和"异步清零"。同步预置数信号变成低电平后要等时钟有效沿来了才能生效，而清零信号是立即生效的，这意味着清零法中的状态 S_7 非常短暂，并不是一个完整的时钟周期。

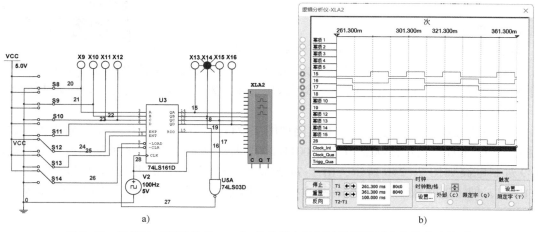

图 7-22　置数法（预置数为 0000）构建的七进制计数器测试电路及仿真波形

图 7-23a 和图 7-23b 分别展示的是预置数为 1001 （状态 S_9）时，采用置数法构建的七进制计数器的功能测试电路及逻辑分析仪显示的仿真波形。

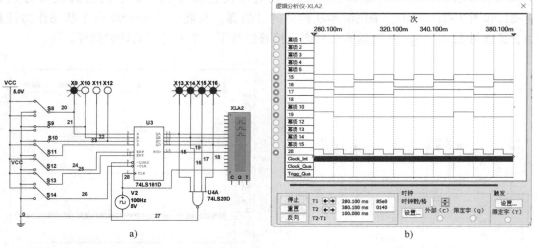

图 7-23　置数法（预置数为 1001）构建的七进制计数器测试电路及仿真波形

这里使用的 7 个计数状态为 S_9、S_{10}……S_{15}，而反馈信号由状态 S_{15}（即数字 1111）产生。同时，由于 S_{15} 会保持一个完整的时钟周期，故其进位信号 Co＝1 且持续一个时钟周期，正如图 7-23b 中编号 19 的波形所示。

另外，采用预置数法将 74LS161 接成七进制计数器，其预置数可以是 S_0、S_1……S_{15} 中的任意一个状态吗？请读者自行仿真验证。

2. N<M

这时必须用多片 N 进制计数器组合起来，才能构成 M 进制计数器，这种组合称之为计数器的级联。各片之间的级联方式有串行进位方式、并行进位方式、整体清零方式和整体置数方式等几种。

【例 7-14】试用两片集成计数器 74LS161 接成 49 进制计数器。

1）原理分析。

74LS161 能计数 16 个脉冲，因此需要将两片 74LS161 级联起来，构成 256(16×16) 进制的计数器。此处用个位芯片的进位信号端 RCO 连接至十位芯片的计数模式控制端 ENT/ENP 作为级联。然后采用整体置数或整体清零的办法来构成 49 进制。

【例 7-14】用 74LS161 接成 49 进制计数器

2）搭建电路并仿真。

采用整体置数方式接成的 49 进制电路如图 7-24a 所示，由于 74LS161 是同步预置数且预置数是 0，故此处的反馈状态为 S_{48}＝00110000，即十进制数 48；采用整体清零方式接成的 49 进制电路如图 7-24b 所示，由于 74LS161 是异步清零，故此处的反馈状态为 S_{49}＝00110001，即十进制数 49。还有多种连接方式都可以实现 49 进制计数器，请读者自行尝试。

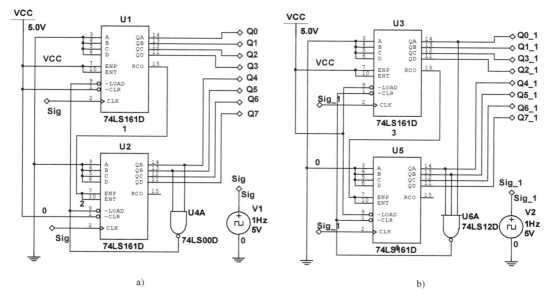

图 7-24 49 进制计数器的测试电路

a）置数法 b）清零法

7.2.4 数字单稳态电路的仿真

项目 6 中已述及，单稳态触发器有一个稳定状态和一个暂时状态，当没有触发脉冲时，输出状态固定在稳态（高电平或低电平）上。当有触发脉冲时，输出从稳态翻转到暂态，该暂态维持一段时间 τ（这个 τ 被称为电路的时间常数）后，自动返回稳态；并且，在稳态维持期间，新的触发脉冲对触发器不起作用。

当利用 RC 元件构成单稳态触发器时，维持暂态的时间 τ 取决于电路 RC 的大小，由于 R 和 C 元件的参数无法做得非常精确，因此时间 τ 不能够精确控制。如果利用数字电路来构成单稳态电路，则可以克服这个缺点。

【例 7-15】用 D 触发器和逻辑门设计数字单稳态电路。

1）电路设计与原理分析。

【例 7-15】数字单稳态电路

设计出的数字单稳态电路如图 7-25 所示。其工作原理：若 Vin = 0 则 Vout = 0。Vin = 1 时又分成两种情况：一是在 clk 信号的上升沿到来前的半个周期里，V（3）= 1，故 Vout = 1；二是在 clk 信号的上升沿到来后，V（3）= 0，故 Vout = 0。所以，Vout = 0 是稳态，被 Vin 触发后跳变为暂稳态；暂稳态运行到 clk 有效沿到来时刻，自动回到稳态。

2）电路仿真。

要仿真这个电路，需要注意两点：一是必须使用数字地（DGND），二是 Vin 信号与 clk 信号的上升沿必须错开。仿真结果如图 7-26 所示。这里仿真时设置 Vin 信号延迟了 4.5 ms，即 Vin 的上升沿与 clk 的上升沿时差为半个 clk 周期，故而 Vout 的暂稳态（高电平）持续时间为 $\frac{1}{2}$ 个 clk 周期。

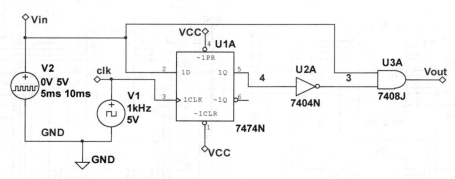

图 7-25 由 D 触发器和逻辑门设计的数字单稳态电路

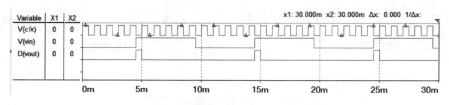

图 7-26 数字单稳态电路的仿真波形

【例 7-16】分析并仿真脉宽可调的数字单稳态电路。

图 7-27 是脉宽可调的数字单稳态电路，主要由 D 触发器、计数器和门电路构成。

【例 7-16】脉宽可调的数字单稳态电路

1）工作原理分析。

- 若 Din=0，则 Vo=0，且置 74LS161 的 LOAD 端为 0，即使得 74LS161 一直处于预置数状态，使得其 QAQBQCQD=ABCD。

- 若 Din=1，则 74LS161 正常计数。这又分为两种情况：一是计数未达 1111 状态，则 RCO=0，进而 1D=1、2CLR=1，使得 Vo=1；二是计数达到 1111 状态，则 RCO=1，进而 1D=0、2CLR=0，使得 Vo=0，74LS161 又处于预置数状态，新的周期开始了。

综上，Vo=0 是稳态，Vo=1 是暂稳态，暂稳态维持时间 τ=（15-预置数+1/2）×（cp 的周期），cp 为时钟脉冲。Din 是触发信号，高电平有效。最小预置数为 0000，最大预置数为 1110，Vo 暂稳态维持时间实现了在 $\left[1\frac{1}{2}cp, 15\frac{1}{2}cp\right]$ 区间内可调。

一般要求触发信号 Din 的脉宽大于 16 个 cp 周期，这样可实现暂稳态在 $\left[1\frac{1}{2}cp, 15\frac{1}{2}cp\right]$ 区间内可调。若触发信号 Din 的脉宽小于 16 个 cp 周期，则 Vo 暂稳态维持时间取决于 Din 的脉冲宽度，即取决于 Din 的高电平持续时间。

2）对电路做瞬态分析。

分析时长 100 ms，分 Din 脉宽大于 16 个 cp 周期和小于 16 个 cp 周期两种情况讨论。

- Din 脉宽大于 16 个 cp 周期。

设 cp 为 1 kHz 方波，Din 是周期为 30 ms、脉宽为 18 ms、延迟为 15 ms 的信号。设置预置数分别为 0000、0110、1110 时，仿真所得结果分别如图 7-28a、b、c 所示，其暂稳态维

持时间分别为 $15\frac{1}{2}$cp、$9\frac{1}{2}$cp 和 $1\frac{1}{2}$cp。

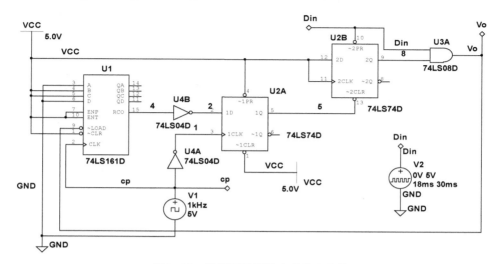

图 7-27   脉宽可调的数字单稳态电路

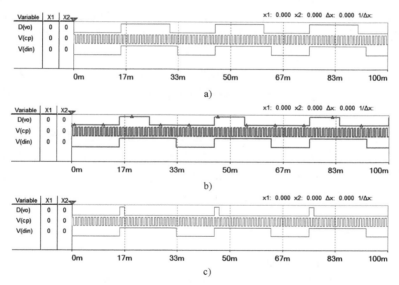

图 7-28   Din 脉宽大于 16 个 cp 周期时所得 Vo 的仿真波形
a) 预置数为 0000   b) 预置数为 0110   c) 预置数为 1110

● Din 脉宽小于 16 个 cp 周期。

预置数依然为 0110，Din 的周期依然为 30 ms，其脉宽分别设置为 3 个 cp 周期、9 个 cp 周期时的仿真波形如图 7-29 所示。可见，当 Din 的脉冲宽度小于 16 个 cp 周期时，Vo 信号的暂稳态维持时间取决于 Din 的高电平持续时间。

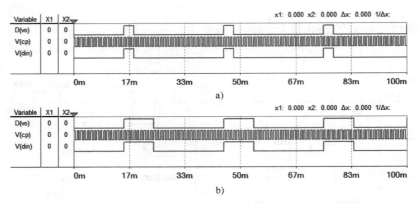

图 7-29　Din 脉宽小于 16 个 cp 周期时所得 Vo 的仿真波形

a）Din 脉宽为 3 个 cp 周期　b）Din 脉宽为 9 个 cp 周期

任务 7.3　数/模混合电路的仿真

现实世界的信号都是模拟信号，只有将模拟信号转换为数字信号，才能方便地使用计算机做进一步的处理。随着科学技术的发展，电子产品的集成度和复杂性不断提高，电子电路的设计也越加复杂。为了简化电路，降低成本，设计人员往往把模拟电路和数字电路集成到一个芯片上，这就形成了数/模混合电路。

Multisim 14.2 软件有限支持数/模混合电路仿真。对数字单元，一般只提供数字逻辑模型，不提供线性区的工作模型。本节将介绍使用 Multisim 14.2 软件对一些实用数/模混合电路的仿真分析。

对数/模混合电路进行仿真分析前，需设置混合仿真的模型，如图 7-30 所示。选择菜单 "仿真" → "混合模式仿真设置" 命令，弹出图 7-30 所示的对话框，在对话框中选中 "使用真实引脚模型（仿真准确率更高-要求电源和数字地）" 即可。若不这样设置，仿真时将会报告 "收敛性的错误"（A convergence error will appear）。

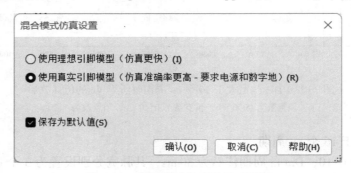

图 7-30　混合模式仿真设置对话框

7.3.1　A/D 与 D/A 转换电路的仿真

为了能够使用数字电路处理模拟信号，就必须将模拟信号转换成相应的数字信号，方能送入数字系统（如微型计算机）进行处理。同时，往往还要求将处理后得到的数字信号再转换成相应的模拟信号，作为最后的输出。从模拟信号到数字信号的转换称为模/数转换，即 A/D 转换。从数字信号到模拟信号的转换称为数/模转换，即 D/A 转换。

【例7-17】阶梯波产生电路的仿真分析。

1）搭建电路。

图 7-31 是用 CMOS 计数器 74HC161 和由运放 LF356H 构成的模拟加法器组成的阶梯波发生器电路。在微电流负载下，CMOS 计数器的高低电平分别接近电源电压 VCC 和 0 V，相对误差在 mV 数量级。所以，可以认为计数器的输出电平都相同而且稳定。

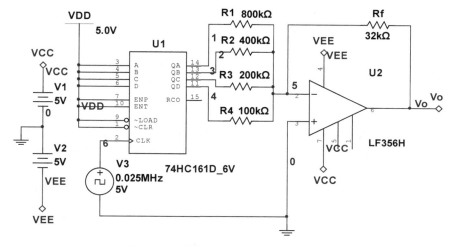

图 7-31　阶梯波发生器的仿真测试电路

2）电路工作原理分析。

运放 LF356H 组成反相加法器，输入电阻分别连接到计数器的输出 QA～QD，而电阻的阻值要按数字量的权重成反比，即要求相应的输入电流与权重成正比，同时，对应于数字最高位的最大电流要限制在 100 μA 以下。假定最高位在高电平时形成的电流为 100 μA，用 4 位二进制计数器时，最低位形成的输入电流为 100 μA/8 = 12.5 μA。如果要求误差在 1% 以下，就要求运放的输入电流不得超过 0.1 μA，因此要求运放的输入电流足够小。

同时，运放的反馈电阻也决定着输出模拟电压值的大小。通常运放在 ±10 V 电源时输出幅度大约为 ±6 V。按图 7-31 中的元器件数值，计数器采用 VCC = +5 V 电源，电阻 R = 100 kΩ，最大输入电流为

$$Im = VCC(1 + 1/2 + 1/4 + 1/8)/R = 5 \times (15/8)/100 \text{ mA} = 0.09375 \text{ mA}$$

设定运放的最大输出电压为 ±3 V，则反馈电阻为

$$Rf = 3/Im = 3 \text{ V}/0.09375 \text{ mA} \approx 32 \text{ kΩ}$$

故 Rf 选用 32 kΩ。

3）对电路进行瞬态分析。

分析时间设为 50 ms。时钟信号设置为周期 1 ms、高电平 5 V、低电平 0 V、延迟 0 s。得到输出阶梯波如图 7-32 所示。可见，阶梯波为一个负的波形，最高电平为 5.40 V，最低电

平为-2.93 V，幅度与估算一致。

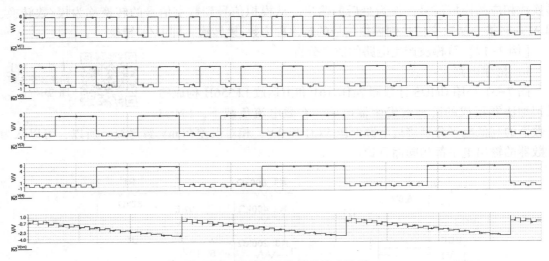

图 7-32　阶梯波发生器的输出波形

如果要求输出为正极性阶梯波，可以在运放的同相输入端加适当的正电压，例如，加+2 V 电压，就可以得到幅值范围 2.97~0.20 V 的阶梯波，如图 7-33 所示。

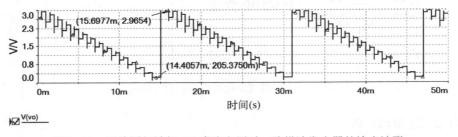

图 7-33　运放同相端加 2 V 直流电压时，阶梯波发生器的输出波形

【例 7-18】简易数/模转换电路的仿真分析。

1）在 Multisim 中绘制电路。

简易数/模转换电路如图 7-34 所示，其中 VDAC8 是 8 位的数/模转换芯片，位于元器件库"Mixed 组 ADC_DAC 系列"中。

【例 7-18】
简易数/模转
换电路分析

2）电路原理分析。

D0~D7 为 8 位待转换的数字信号输入端，Vref+、Vref-为两个参考电压输入端，用以确定转换后的模拟信号的极值电压，Output 为转换后的模拟信号输出端。4 个 T 触发器产生的 4 路分频脉冲用作待转换的数字信号，分别接入 VDAC8 数/模转换器。这里，把 D0 与 D1、D2 与 D3、D4 与 D5、D6 与 D7 分别两两接在一起，即把 8 位的数/模转换器接成了 4 位的数/模转换器。

3）对电路做瞬态分析。

分析时长为 25 ms，仿真结果如图 7-35 所示。转换信号的幅度位于-2.50~+2.48 V 之间，其极值电压和参考电压十分接近。

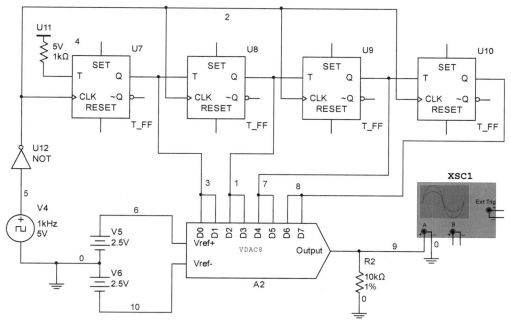

图 7-34　简易数/模转换电路

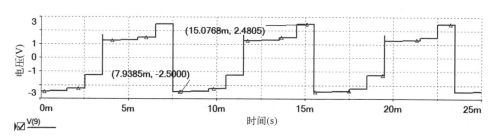

图 7-35　简易数/模转换电路输出信号的仿真波形

7.3.2　倍频电路的仿真

在实际工程应用中，有时需要用到比正在使用的脉冲源更高的频率，这就需要倍频技术，而数/模混合的倍频电路被广泛使用。

【例 7-19】二倍频电路的仿真分析。

1）在 Multisim 中绘制电路。

【例 7-19】二倍频电路分析

图 7-36 为 Multisim 软件中自带的二倍频电路，本质上它是单稳态电路，输入信号（也是触发信号）的上升沿和下降沿都会触发电路从稳态跳变为暂稳态，从而实现二倍频功能。

2）电路工作原理分析。

图 7-36 所示的二倍频电路由触发脉冲信号产生单元和单稳态单元构成。其中，信号源 V2、反相器 U1A、电容 C2、电阻 R2、二极管 D2 构成的回路，实现信号源上升沿的侦测和触发信号的产生；信号源 V2、反相器 U1B、电容 C1、电阻 R1、二极管 D1 构成的回路，实

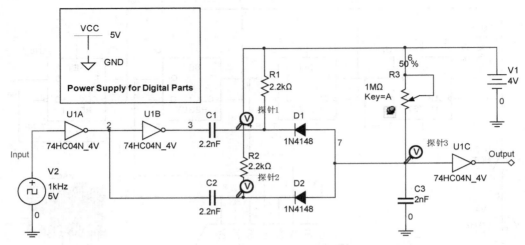

图 7-36　二倍频电路

现信号源下降沿的侦测和触发信号的产生；而 R3、C3 和 U1C 构成单稳态电路，实现二倍频信号的输出。电路具体工作原理如下。

● 没有触发信号时。

没有触发信号时，V1 经 R3 给 C3 充电，一直充到反相器 U1C 的正向阈值电压并保持住，此时电路输出低电平，为稳态。

● 输入信号的上升沿到来时刻。

输入信号的上升沿到来时刻，U1A 的输出（节点 2 的电压）跳变为低电平，R2 和 C2 构成的微分电路出现负跳变沿的尖峰脉冲，D2 正向导通，C3 经过 D2 放电，C3 上的电压瞬间下降到 U1C 的反向阈值电压，此时电路输出高电平，为暂稳态。同时，D2 关断，V1 经 R3 给 C3 充电，一直充到反相器 U1C 的正向阈值电压并一直保持住，此时电路输出低电平，为稳态。可见在输入信号的高电平持续时间里，输出信号就实现了稳态和暂稳态的切换。

● 输入信号的下降沿到来时刻。

输入信号的下降沿到来时刻，U1B 的输出（节点 3 的电压）跳变为低电平，R1 和 C1 构成的微分电路出现负跳变沿的尖峰脉冲，D1 正向导通，C3 经过 D1 放电，C3 上的电压瞬间下降到 U1C 的反向阈值电压，此时电路输出高电平，为暂稳态。同时，D1 关断，V1 经 R3 给 C3 充电，一直充到反相器 U1C 的正向阈值电压并一直保持住，此时电路输出低电平，为稳态。可见在输入信号的低电平持续时间里，输出信号也实现了稳态和暂稳态的切换。

综上，输出信号的频率是输入信号频率的 2 倍。其高电平（暂稳态）持续时间由时间常数 τ=R3C3 决定，图中 R3 为可变电阻，用来实现输出信号的占空比在一定范围内可调。

3）对电路做瞬态分析。

分析时长为 6 ms。各节点波形如图 7-37 所示，为清楚显示各节点信号的轨迹，特对纵坐标做了位移处理，使各波形在纵向上适当错开。可见，C1 和 C2 的负尖峰脉冲（图中的 V（探针 1）、V（探针 2））分别发在输入信号的上升沿和下降沿，此刻电容 C3 放电（图中的 V（探针 3））十分迅速，C3 上的电压瞬间下降到 U1C 的反向阈值电压，使电路输出信号瞬间由稳态（0 态）跳变为暂稳态（1 态）。C3 的放电时间常数由 R1×C1（或 R2×C2）确定，

C3 的充电时间常数为 R3×C3 决定，且前者远小于后者。二极管 D1 和 D2 起开关作用，分别形成电容 C3 的充电、放电回路。

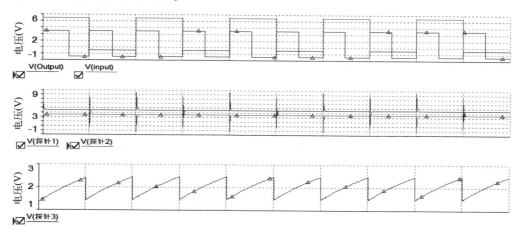

图 7-37　二倍频电路各节点的仿真波形

提示：

在"图示仪视图"对话框中，双击仿真所得波形，弹出图 7-38 所示的"Graph Properties"对话框，在此对话框中可以设置坐标轴、信号轨迹等，以凸显仿真波形的一些细节。

图 7-38　"Graph Properties"对话框

课后练习

【练 7-1】试用计数器 74LS161 和译码器 74LS138 设计一个 8 位流水灯电路。

【练 7-2】试用计数器 74LS161 和数据选择器 74LS151 设计一序列信号 00011101 的产生电路。

参 考 文 献

[1] 阎石，王红．数字电子技术基础 [M]．6 版．北京：高等教育出版社，2016．

[2] 童诗白，华成英．模拟电子技术基础 [M]．5 版．北京：高等教育出版社，2015．

[3] 朱彩莲．Multisim 电子电路仿真教程 [M]．西安：西安电子科技大学出版社，2007．

[4] 吕波，王敏，等．Multisim 14 电路设计与仿真 [M]．北京：机械工业出版社，2016．

[5] 花汉兵，吴少琴．EDA 技术与设计 [M]．北京：电子工业出版社，2019．

[6] 周润景，崔婧，等．Multisim 电路系统设计与仿真教程 [M]．北京：机械工业出版社，2018．

[7] 王连英．基于 Multisim 11 的电子线路仿真设计与实验 [M]．北京：高等教育出版社，2013．